敏感者天赋

SENSITIVITY IS A GIFT

程瑞鹏◎著

台海出版社

图书在版编目（CIP）数据

敏感者天赋 / 程瑞鹏著 . -- 北京 ：台海出版社，2019.12

ISBN 978-7-5168-2512-9

Ⅰ . ①敏… Ⅱ . ①程… Ⅲ . ①成功心理－通俗读物 Ⅳ . ① B848.4-49

中国版本图书馆 CIP 数据核字（2019）第 278535 号

敏感者天赋

著　　者	程瑞鹏	
出 版 人	蔡　旭	
策　　划	盛世云图	
责任编辑	姚红梅	
装帧设计	昇一设计	
内文制作	郭廷欢	
出　　版	台海出版社	
地　　址	北京市东城区景山东街 20 号	
邮　　编	100009	
电　　话	010 — 64041652（发行，邮购）	
传　　真	010 — 84045799（总编室）	
网　　址	www.taimeng.org.cn/thcbs/default.htm	
电子邮箱	thcbs@126.com	
发　　行	全国各地新华书店	
印　　刷	河北盛世彩捷印刷有限公司	
开　　本	880mm×1230mm　　1/32	
字　　数	145 千字	
印　　张	7.5	
版　　次	2019 年 12 月第 1 版	
印　　次	2019 年 12 月第 1 次印刷	
书　　号	ISBN 978-7-5168-2512-9	
定　　价	45.00 元	

序　言

　　提到"敏感"这个词，大多人都会把它归到"消极""负面"一类。其实，"敏感"是一个中性词，甚至可以说是一个偏向于积极正面的中性词。

　　时至今日，已有越来越多的学者、心理学家为"敏感"正名，并称它为一种"天赋"，一种上天赐予的特殊力量，一种值得祝福的能力。

　　高度敏感研究领域的先驱伊莱恩·阿伦通过研究发现，约15%~20%的人属于高度敏感者；德国高度敏感性研究专家卡特琳·佐斯特也表明敏感是一种独特的能力，而她本人也是一名敏感者。

　　或许你周围有或者你本身是这样一种人：很难适应新的环境，换到新的班级或者到了新的公司会感到局促不安；对光、声音或者气温有着敏锐的感受能力，即使一丁点也会受到干扰；在意细节，即使很小的事情也能引起其注意，并产生深刻的感受，有时即使一句无心的话也会让其难以释怀；非常在意别人对自己及与自己相关的事情的看法和评价，对于正面的言语异常高兴和欣慰，对于负面的有可能无法承受；很关注身边人的情绪和感受，生怕这些人会因为自己而不高兴；在公开场合容易紧张不安，看似很不擅长人际交往；容易自责、自我怀疑，产生负面情绪并沉溺其中……

的确，这些是敏感者的特点，但仅仅是非常狭隘的一面，现在你要用力打破这片面认知堆砌成的"偏见"城墙，重新踏上认识"敏感"的征程，这将会带给你意想不到的收获。

瑞士高度敏感研究所所长、作家布里吉特·屈斯特把敏感分成了四个不同范畴：移情能力，感官敏锐性，认知能力，艺术性、灵性。

敏感者所拥有的特性并非集中于某一范畴而是几种的综合，只不过某一种表现得更为明显突出。而这四个方面皆对应着常人难以达到的能力水平，或者说在某些方面敏感者更有优势。

例如，移情能力较高的敏感者能设身处地地为他人着想，能够迅速感知同伴的情绪、谈话氛围、人与人之间微妙的关系，擅长安慰人，是最佳倾听者，在社交方面有优势。

感官敏锐者能够注意到各种微小的细节、微弱的气味、细腻的味道、隐藏的美好、看不见的丑陋，同时他们又具有极强的感受能力，对人生有着更为深刻的体验，所以他们的人生更为丰富多彩。

认知能力强大者，拥有较强的逻辑力，能够快速分析和研究问题，并能做到有理有据，擅长深度思考，往往在科研工作方面有所建树。

艺术性、灵性的敏感者有着丰富的精神世界和精神信仰，思维活泛，想象力丰富，能够将自己观察到的、经历过的、真实感受用艺术化的形式展现出来，很有可能成为艺术家。

有人说，阅读的一大功能是帮助我们扩展认知，消除偏见，不妄下断言，不随便贴标签，而我们即将展开的就是这样一段阅读之旅，主角就是"敏感"。

《敏感者天赋》意图通过对敏感多方面、多方位的阐述，让读者更多地关注并认识敏感积极美好的一面，并且采用分模块的形式让人们了解到敏感在职场、社交、生活、家庭、恋爱等方面所带来的积极作用，屏除以往对它的片面认知。让敏感者更加清晰完整地认识自己，从而善用敏感，获得"天赋"，也让对敏感存在偏见的人们对其改观，重新看待身边的敏感者。

敏感是一种性格特质，有着许多价值连城的能力，拥有它的人，应当感到无比幸运！

目　录

第一章　你是否会有这些困扰

1. 一件小事就会过度反应 …………………………………… 003

2. 我也不想这么谨小慎微 …………………………………… 008

3. 总被别人的评价所左右 …………………………………… 013

4. 太重面子，常失"里子" …………………………………… 018

5. 总是疑心重重，喜欢刨根问底 …………………………… 023

6. 时常感到焦虑，甚至恐惧 ………………………………… 028

7. 一直觉得"自己不如别人" ……………………………… 034

8. 超出承受限度的自责 ……………………………………… 039

9. 喜欢独处，又害怕孤独 …………………………………… 043

第二章　敏感不是缺陷，而是性格特质

1. 别急着改变，先认清自己 ………………………………… 049

2. 敏感是对刺激的正常反应 ………………………………… 054

3. 人或多或少都有敏感的时候 ……………………………… 059

4. 敏感是一种性格特质 ……………… 062

5. 内向性格不等于敏感特质 ……………… 067

第三章　其实，敏感也可以是一种天赋

1. 敏感的人有缜密的细节感知能力 ……………… 075

2. 敏感的人有非凡的洞察力 ……………… 078

3. 敏感的人有丰富的想象力和创造力 ……………… 083

4. 敏感的人有高度的情绪自觉 ……………… 088

5. 敏感的人有较高的艺术造诣 ……………… 093

6. 敏感的人有与生俱来的同理心 ……………… 097

第四章　敏感天赋让你在职场乘风破浪

1. 把控细节，懂得如何做好本职工作 ……………… 103

2. 知人善任，及时了解下属的心思与困境 ……………… 108

3. 谨慎周密，在商界纵横捭阖的谈判官 ……………… 115

4. 能谋善断，游刃有余地处理工作难题 ……………… 121

5. 明察秋毫，在职场中脱颖而出 ……………… 126

第五章　敏感天赋助你成为社交达人

1. 明辨自身好恶，擅长高质量互动 ……………… 131

2. 快速产生共鸣，从而打动对方 ……………… 136

3. 善于发现他人优点，更懂得赞美 ……………… 140

4. 及时调整气氛，防止冷场 ……………… 145

5. 占据主导位置，使人心悦诚服 ································ 148

第六章　敏感天赋让你拥有更细腻的情感

1. 站在对方的角度去表达爱 ································ 155

2. 利用敏感特质快速探寻矛盾根源 ···················· 160

3. 找准对方喜欢的相处方式 ···························· 165

4. 准确找到最适合自己的伴侣 ························· 170

5. 在婚姻中过得更加幸福 ······························ 175

第七章　敏感天赋让你拥有更和谐的家庭

1. 敏感天赋让亲密关系更亲密 ························· 183

2. 敏感天赋助你成为更合格的父母 ···················· 189

3. 敏感天赋让你给家人更多的爱 ······················ 194

4. 敏感天赋助你处理好多级关系 ······················ 199

5. 敏感天赋使家庭生活更美好 ························· 203

第八章　敏感天赋让你更高效地提升自我

1. 活跃思维，进行深度思考 ···························· 209

2. 精准定位，强化自身学习能力 ······················ 215

3. 提高标准，追求高品质生活 ························· 219

4. 深度挖掘，完美塑造自我形象 ······················ 224

第一章

你是否会有这些困扰

随着心理学研究的发展，内向性格已经越来越广泛地被人们所接受，内向性格也已经得到正名，而与之相关联的敏感特质，也在近些年来受到广泛关注。

在大多数情况下，敏感多被列入情绪的条目之中，认为敏感是情绪的一种表现，正如愤怒、自卑、胆怯一样。

1. 一件小事就会过度反应

如果有时间，我们可以坐下来思考一下，在一周之中，有哪些事情会让我们过度反应。将这些事情罗列出来，根据事件大小及其严重程度进行排序，看一看让我们过度反应的是不是多是一些微不足道的小事。

如果是，那不得不承认，我们的身上或多或少地具有一些敏感特质。

敏感是一个十分抽象的概念，单纯从词语角度来讲，是指感觉敏锐，对外界事物能够迅速做出反应。但如果从其社会意义来讲，敏感的内涵就不仅仅只是这些内容了。敏感是一种更为深层次的，涉及人们生活方方面面的重要特质。

在认识敏感特质时，我们很难找到一个范围，说在这个范围内就属于敏感，而在这个范围外就不属于敏感。

在介绍敏感时，大多数人更愿意使用敏感程度，也就是通过这个人对一些事件的反应来判断这个人是否敏感。当达到了一定程度时，就可以算作敏感，而没有达到这种程度时，便称不上是敏感。

正如上面我们所说的，如果在日常生活中，经常会对一些小事过度反应，那毫无疑问，我们身上是存在一定敏感特质的。至于我们的敏感程度是高是低，还需要根据具体情况来确定。

小蓝和小风是一对情侣，但两人的家境其实有些差距。小蓝家里不富裕，所以她一直很节俭，在买衣服上同样如此。而小风呢，家境殷实，他本身也十分"追求品质生活"。

有一天，小风发来短信说周末要带她去玩。小蓝很是重视，她狠狠心买了一件200多元的裙子，打算到时候穿着去。

到了周末，小风如约而至。小蓝本以为他会夸自己的裙子漂亮，可谁知他摸了摸裙子，开口说道："你穿打底裤了吗？"小蓝很惊讶地摇摇头，小风继续说道："这样的料子你居然敢贴身穿？！"

这句话如同当头一棒一下子击中了小蓝，眼泪夺眶而出，说了一句"我再也不想看到你"，就非常生气地跑回了家里。而小风则愣在原地，还没有弄清到底是怎么一回事。

情侣间发生矛盾是常有的事情，针对上述故事中小蓝的做法，也许会有很多人认为不可思议，明明就是一句很简单的话、一件很小的事，反应未免太激烈了。实际上，由于双方家庭的原因，小蓝本身就带有自卑感，尤其在这样涉及东西好坏、价格高低的事情上非常在意。在常人看来，小风的话就是一句无心的疑问，甚至还掺杂着些许关心，但在小蓝看来，这却是对自己的"嘲笑"和"看不起"。小蓝的过度解读使得这句话变得十分"刺耳"，她也就难免做出那么大的反应，不过由此也可以判断出，小蓝属于敏感程度较高者。

在日常生活中，这样的例子比比皆是。例如在聚会中，朋友随口说了句你今天怎么穿这身衣服出来了，或许他只是好奇，而你却认为他故意调侃，并因此伤心了好几天；在工作中，上司随机看了下你做的报告后，没有说话摇了摇头，你就认为自己实在太差了，没有了工作的劲头；在办公室中，因为中午订餐没有自己喜欢吃的菜品，而与同事产生纠纷；在家庭中，因为垃圾没有及时清理，而与家人产生矛盾；在学校里，因为同学的无心之举，你觉得自己不受欢迎被人排斥而闷闷不乐……

在这些行为中，判断敏感程度的高低一个重要的标准就是，"过度反应"的程度。以"工作中领导的批评"为例，我们可以从不同情境中对自己的敏感程度进行判断。

当上司对你进行批评和"不认可"时，最正确的做法应该是，主动问自己哪里做得不好，应当如何改正，或者自己找出原因，改正后再请领导审阅。

除此之外，还有的人会这么做：1.不在意，对领导的批评不放在心上；2.先郁闷再反思最后提起斗志，重新树立工作的信心；3.沉溺于郁闷和过度反思中，从这一件小事联想到种种不好的方面，觉得自己"一无是处"……

这几种做法中，最正确的做法和"不在意"都是敏感程度较低的行为，区别在于侧重点不同。而剩余的两种做法中，都带有"敏感"的影子，尤其是第三种属于敏感程度非常高的表现。

因为一件小事而控制不住自己的情绪，进而产生一些不受大脑控制的过度反应行为，这是再正常不过的现象。从这里也可以看出，敏感特质其实也是一种较为普遍的现象，无论是我们自身，还是我们身边的人，或多或少都会拥有一些这样的敏感特质。

对于这样的敏感特质，有些人并没有将其当作是一回事，但有些人却深受其扰、不可自拔。

一些人认为自己天生就是暴脾气、直肠子，遇事习惯不加思考，身体先于大脑做出反应。存在这种心态的人，很容易将小事变大，将原本容易解决的事情搞得异常复杂，进而为自己惹上不必要的麻烦。

另外一些人认识到自己这种因小事而过度反应，已经给自己的日常生活和人际交往带来了不便，希望改掉这种习惯，但尝试了多种方法却始终没有效果。在这种情况下，原本并不严重的敏感问题，就会逐渐累积成较为严重的焦虑和抑郁，进而影响个人的身心健康。

在面对因小事而过度反应这个问题时，我们不能过于松懈，同时也不能过分紧张。正确的做法应该是，正视这个问题，了解这是敏感特质的一个重要表现。认清这一点，我们才能更好地摆脱这种问题。

被这种问题所困扰的人也不需要过分担忧，在面对具体问题时，只要控制好自己的反应程度，就能够将不良影响控制在合理范围内。

从另一个角度来讲，因小事而产生过度反应其实也是敏感天赋的一种表现。一些人之所以能够对小事产生反应，是因为他们敏锐地感觉到了这件小事对自己产生的刺激。虽然这种刺激大多数情况下是负面的，进而引发人们的过度反应，但不可否认，在面对一些正向刺激时，具有敏感特质的人也会因为小事而产生积极的正向反应。

2. 我也不想这么谨小慎微

　　说话做事时，我总是思前想后，谨小慎微，前怕狼后怕虎，每天都在纠结中度过。我胆子很小，害怕自己做错事，说错话。遇事不果断，平时不敢大声说话，在与别人交流时也总是充满顾虑和猜测。这些情况已经严重影响到我的工作和生活，有些时候我也不想这样谨小慎微，但就是怕出错。

　　这是问答网站中的一条咨询，从描述中可以看出，这位咨询者因为"谨小慎微"而给自己造成了不小的麻烦。谨小慎微的心理如果能够保持在一定限度内，并不会对工作生活造成负面影响，一旦超出了必要的限度，就会为自己带来痛苦和烦恼。

　　过度谨慎小心、瞻前顾后也是敏感特质的一种表现。

　　在工作生活中，很多人都会有这样的困扰，比如，刚进入大学校园，和同学彼此都不熟悉，一个宿舍的舍友也可能来自五湖四海，在地域、生活习俗、方言、性格等各方面因素的作用下，舍友之间的陌生感、不熟悉感很难消除，势必要进入一个磨合期。对于一般人来讲，这个时期可能并没有什么特殊之处。但是有些人会非常小心谨慎，时刻关注舍友的情绪甚至捕捉他们的细微动作，生怕自己做某件事情对他们造成不好的影响，对各种小事都保持紧张感，"我看电视声音会不会太大了""我这么早起来会不会打扰到别人""我吃这么多会不会被他们嘲笑""我跟他们聊天会不会被排斥"……这些莫名的紧张感会使神经处于时刻紧绷的状态，大脑异常劳累，虽然没有做什么体力活，但每天都觉得很辛苦。有时候这种紧张感还可能导致你弄巧成拙，例如越是怕打扰别人越容易弄出大动静；越是小心翼翼地说话越是融不进去；想帮舍友收拾桌子，却因为太谨慎反而把杯子打碎……

在工作中，这种情况会更严重，尤其是进入一个新的环境后。面对陌生的职场环境、陌生的同事、陌生的上司、陌生的工作，很多人都会产生紧张感，但有些人更为严重。不知道怎样与同事相处，十分怯懦，不敢大声说话，生怕说错什么引得别人不高兴；对于新工作不了解也不好意思请教别人，手头的工作反复确认好几次才敢拿给上司看；做一件事要联想很多才敢下手。而这样往往导致的结果就是，成为别人眼中怯懦不爽快的人，工作总是超时完成，老是错过一展身手的好机会……

具有这种过于谨小慎微和患得患失心理的人其实在内心深处并不希望自己是这样的，他们也想放开手脚，敞快大方地跟别人交谈做事，而不是思前想后、畏首畏尾，迟迟做不了决定。越是这样反而越容易把事情变糟糕，越容易错过办一件事情的最佳时期，越容易迷失方向。

一个哲学家和一个数学家在讨论，从一个点到另一个点，是每一步都非常笔直准确近乎完美会越来越靠近目的地，还是把握大方向，不必太在乎过程更容易到达？最后他们打了一个赌，各自按照自己认为正确的方法走，两点间的距离只有几十米，哲学家看准方向，大步流星地向前走，脚步歪歪斜斜，中间还偏离了好几次，但很快到达了终点。而数学家则非常谨慎小心，每走一步都要比对一下方向看是否偏离，所有的脚步都要在一条直线上，虽然每一步非常完美，但是最终却慢了很多。

与哲学家相比，数学家显然更严谨，追求完美，所以顾虑也多，每一步都小心翼翼、精益求精，但完美的过程并没有造就完美的结果，太过谨慎抓住了细节却使结果不尽如人意。

过于谨小慎微不仅会对自己造成影响，导致情绪不佳心情烦闷，做事拖拉甚至偏离正确的轨道，还有可能对他人造成影响，带动他人的消极情绪，影响身边人的心情。

假如让一个普通人面对一个异常谨慎、处处小心的人，跟他一起生活一起工作，会受到什么样的影响呢？

分为两种情况：一种轻微的影响，看到身边的人如此小心翼翼，放不开手脚，说话扭扭捏捏，不具有敏感特质的普通人会特别不舒服、不自在，恨不得帮他说话做事；第二种情况，在长期的熏陶和影响下，普通人可能也会不知不觉地跟着谨慎起来，说话做事的方式都受到影响。简单来说，轻微的影响是在情绪方面，严重的影响是在行为方面。

每个人都知道，什么事情、东西都得在一定的限度之内，若超过了某个限度，好的也会变成坏的，谨慎也是一样。我们在生活中每天要接触各种各样的事情或者人，如果每时每刻都保持警惕，谨慎小心，就会很累，身体和大脑都得不到良好的休息。当然，很多处于这种状态的人也逐渐意识到了自己的问题，但是却没有好的办法去缓解，因为这种性格不是一朝一夕养成的，有的甚至就是天生敏感。所谓江山易改、本性难移，天生的东西最难改变，不过也不是毫无办法。

首先，谨慎小心的人一定要多和神经大条、性格开朗的人在一起相处，即使不和他们打成一片，也能受到很大的影响。

其次，一定要提高相应能力，变得更优秀。有时候，做事过于小心不是慎重仔细，而是对自己没有信心，总觉得哪里会出错，所以才一遍一遍地回过头检查。总是非常在意他人的情绪变化，是因为本身的自卑感，只有让自己变得更优秀，才能从这样的感觉中抽离。

再次，尽量有意识地控制自己不去深究细节，减少检查的次数，学会逼迫自己快速做决定。敏感者对细节的感知能力比常人要强，可以发现他人忽略的小错误，但并不是每个误差都是需要纠正的，要学会选择和舍弃。

最后，试着将自己摆在主体的位置，每个人都是独一无二的个体，都是平等的，我们无须为讨好他人而小心翼翼、谨小慎微。当然在处理问题、人际交往的时候我们常常要换位思考，站在对方的角度去理解和感受，但这并不意味着我们就是卑微的一方，就要围着他人的情绪转。

谨小慎微并不是一个贬义词，它有很多积极影响：只有谨慎才能减少出错的可能；只有谨慎才能发现别人看不到的细节错误，把事情做得更完美；只有谨慎才能时刻使自己保持警醒，拥有强危机意识……但是，要分清楚哪些事情需要谨慎，哪些事情无须太仔细，谨慎到什么程度。就像埃隆·马斯克在电动车特斯拉的制造上面简直顽固苛刻到极致，对任何细节都把控得非常严格，谨小慎微，以追求"极致完美"为目标，但生活中他展现的又是另外一面。

所以，并不是只有敏感者才会谨小慎微，很多人都存在这样的特性，但有的人之所以被称为敏感者，就是因为他们几乎对所有的事情都很谨慎，包括工作、学习、与人相处甚至生活中的各种小事，但不可否认的是，拥有敏感特质的人比常人更谨慎，从而危机意识、危机管理能力也更强。

3. 总被别人的评价所左右

常听到一句话：很多时候，人最大的敌人就是自己。这句话也许在某些人群中并不能很好地体现出来，但在敏感者身上却尤为突出。过于敏感的人，时常感觉活得很累，原因就是自己总跟自己过不去，太在意别人的眼光和看法，习惯于把他人的评价尤其是负面评价放大几倍甚至几十倍，从而长时间陷入其中走不出来，以至于整日闷闷不乐、心情抑郁，严重时否定自我，甚至做出极端行为。

有一个画家将自己的心血凝结成了一幅非常满意的作品，并信心十足地将它贴到了闹市，还在旁边附上了一段文字：如果您觉得此画还有需要修改的地方，请用桌上的笔圈出来。

画家原本希望通过这样的方式得到大家的认可，证明自己的能力，可是不久后，那幅画竟成了人们的涂鸦之地，不管是不是专业人士，他们都会画上一个圈，表示出对画作的不满意。当画家看到那幅面目全非、到处是圈圈的画时，整个人愣在了原地，他百思不得其解，为什么自己那么努力画出来的作品却如此不受欢迎。

他闷闷不乐地回到了家，把自己关在房间里，回想起过去的种种，开始否定自己的付出、能力和梦想，认为凭借自己的能力想完成那样的目标简直如同痴人说梦。

画家的妻子知道了这件事情后，并没有劝解和安慰他，而是拿起那幅画的备份贴在了闹市，在旁边注明：请圈出此画中令您满意的地方。这一次，这幅画同样被圈圈占满了，包括那些原来被否定的地方。

这个故事告诉人们，如果你永远活在别人的嘴巴和眼睛里，那么你就永远认不清自己，总在意那些消极的评价，你就永远不知道自己有多么优秀，而敏感的人，却常常如此。

现实中，诸如故事中画家那般极其在意别人的看法、难以承受他人负面评价的人比比皆是。打个比方，生活中常常会发生这样的事情：

她化了自己满意的妆容出来玩，如果这时候有人开玩笑地说一句，你眉毛化得不太好，她表面上会非常平静，但其实心里早已经翻江倒海。接下来她就会心不在焉，心情低落，回到家里后，就会跑到镜子前一遍遍地研究怎么画眉毛……

如果有人说她的衣服不好看，那么只要穿着这衣服的时候，她就会非常拘谨，状态不自然，极度缺乏自信，有意识地躲避旁人的目光，想尽快找机会将衣服换掉……

如果有人说他抠门，他就会回想种种相关事件来判定自己是不是真的抠门，还可能会到处请人吃饭、唱歌，并在之后的时间里时刻注意自己的行为，以免再被贴上"抠门"的标签……

很多人就是如此，太在意他人的眼光和看法，无法正确面对别人的批评和负面评价。而那些严重的负面评价常常会使他们内心崩溃，感觉到深深的伤害，以致否定自己的价值。

事实上，大多数人都会在意他人的评价，但是在意到什么程度，之后做出什么样的举措，普通人和具有敏感特质的人就大不相同了。

现实中很多人都会陷入这样的困境：我也想客观地看待别人的评价，可是我的大脑却会一遍一遍地想；我也想不那么在意，神经大条一点，轻轻松松地生活，可是我办不到。

说到底，难以承受他人评价的根本原因还是不够自信，当然这个自信不是建立在既成事实之上，而是源自你本身的看法，因为世间万物都没有绝对的评判标准。

举例来说，某一天你出门别人说你的衣服很好看，所以你非常高兴，于是第二天又穿着出门了，这次碰到了另一个人，她却说你穿这件衣服不合适，所以你的这身衣服到底是好看还是丑？

事实上，这完全取决于你对它的看法和对于这个看法的相信程度，如果在你的心里百分之百地认为它就是最漂亮的，即使一百个人说它丑，你也不会受到影响。你那么在意旁人的评价，就是因为你对它不够自信，总是跟着别人的眼光来决定你对事物的看法。

所谓萝卜青菜各有所爱，一千个人可能有一千种眼光，有一千个标准，有一千种评价。不管是光鲜亮丽的明星还是平凡朴素的路人，谁都无法保证自己被所有的人喜欢，也不能保证永远不犯错，更不能决定别人的看法和评价。如果一个人总是跟随别人的标准来看待自己，那么他永远无法逃出上文中的困境。

东方快车上，列车员看了一位老太太的票后说："这是从柏林到巴黎的票，可我们这趟车是到伊斯坦布尔的。"老太太严肃地看着列车员问："怎么办，难道就连司机也没发现他开的方向不对吗？"

这则寓言反映的是，以自己的标准去定义别人的行为是人类的常态。仔细想想，其实你也常常这样做。到这里，每个人都应该意识到别人的评价不过是代表众多标准中的一个，根本没有绝对的对和错，如果盲目将不好的言论作为判定自己行为的标准，无异于用别人的错误来惩罚自己。

那么，我们该如何正确对待他人的评价呢？最简单的一句话：有则改之，无则加勉。

我们管不住别人的嘴，但有权利做出正确的选择。对于那些负面评论，如果是真的存在，能改则改，改不了的就要调整心态去接受，换个角度去看待。这里还要强调的一点就是"自信"，但不要盲目自大；如果是不存在的，那么完全可以置之不理，或者以此为警示，提醒自己不要犯类似的错误。

　　对于不好的评价不能过分看重，同样对于好的评价也要平常心对待，中国古代的一则故事"邹忌讽齐王纳谏"中，邹忌对于客人、妻子、小妾的过分夸赞表露出来的态度，给人们做出了很好的榜样。

　　尽管敏感会使我们过分在意别人的评价，扩大伤害的倍数，沉溺于过去不可自拔，但不可否认的是，敏感的确能够让我们轻易捕捉到常人觉察不到的信息，静下心来听取他人的意见，从而促使自己进步和改变，日臻完善自我。

　　而这，不失为敏感者的天赋。

4. 太重面子，常失"里子"

不管是日常生活还是电视电影中，我们常会听到这样的话，"看在我的面子上，算了吧""给我个面子""你这就是不给我面子了"……

面子到底是什么呢？为什么这么多人喜欢讨要面子？

抛开影视桥段，现实生活中很多人都是爱面子的，好面子无可厚非，但要注意程度，如果你常常因为"面子"出现不良情绪或者冲动行为，那么就应该适当把面子看得淡一些，否则长此以往，只会对自身造成重大的消极影响。

举例来说，一个人在大庭广众下摔了一跤，被别人笑话了，如果他没有那么爱面子，就会毫不在意地站起来拍拍身上的土，这件事情就画上了句号；如果他一般爱面子，就会不好意思，赶紧起来走出大众的视线；如果他极度爱面子，就会因为这件小事郁闷好几天，甚至对那些笑他的人大打出手，事后还会不断后悔。

也就是说，太重面子的人，更容易丢掉"里子"。

好面子人的常态往往是这样的：听到别人的批评，容易出现抵制情绪，经不起批评；跟他人吵架，就算是自己的错，也不会轻易低头认错；感觉面子受到威胁或者觉得自己丢了面子，根据场合不同，要么立刻变脸不高兴，要么人前假笑人后羞愧、懊恼、发火，爆发出一系列不良情绪……

为什么有的人会如此看重面子呢？实际上，过于好面子的人往往也是敏感的人，敏感的人好面子的原因可以分为以下几种：第一，喜欢胡思乱想，很多时候会凭借自己的臆想猜测来判断大众的看法；第二，内心敏感自卑不可触碰的雷区被人触碰，下意识地保护自己；第三，容易将面子和自尊混淆，感觉丢面子伤及了自尊心。

比如，敏感的人听到他人对自己不好的评价或者被别人批评时，往往会把负面的东西不断扩大，认为自己一无是处，感觉别人都在针对自己，之后就会产生消极情绪，内心陷入烦躁和悲伤中。如果他人还在喋喋不休，达到了他不能承受的极限，他就会瞬间爆发，发怒或者一走了之，如此给人的印象就是这个人经不起批评，没说几句就生气了。

实际上，他只是接受不了想象和现实间的落差，对自己要求较高，希望在旁人的眼中自己是完美的，而那些否定和不好的评价却打破了他的幻想。这时，他一方面怪别人对自己如此苛刻，总是针对自己；另一方面又产生自我怀疑，最后在这样的矛盾心理中逐渐崩溃。

其实，有时候人们的批评仅仅是出于好心，希望被批评者可以变得更好，当然敏感者在受到批评时的本意也不是甩脸子不接受，但是，敏感往往会使他联想到更多不好的事情，将他们的思维引到不正确的方向，而他们的内心又极其脆弱，崩溃和爆发随之而来。

另一方面，大多数敏感者都会有属于自己的雷区，可能是自己最在意的地方，也可能是自卑之处、伤痛之处，又或许是最敏感的地方，而当这些领域被人开玩笑式地提及时，他们的心情会瞬间降低到冰点，可能会一下子爆发，也可能因为某些顾忌选择忍耐，事后再反复回想，心中凝结成一个解不开的结，对此始终耿耿于怀。

有的人习惯于将面子和自尊相提并论，敏感者更是如此，常常觉得丢面子就是丢了尊严，被他人"羞辱和践踏"。比如，你穿着一身休闲服装去参加一个高级宴会，进去时大家都用奇怪的眼光盯着你看，时不时发出笑声，这种情况下你会觉得很没面子，但并不代表尊严被人践踏。如果习惯于把面子和自尊联系在一起，往往一件很小的事情都会让你反应过度，或大打出手，或变得更自卑脆弱，或陷入长时间的消极情绪中，等等，无论是哪一种情况，都会带来非常不好的影响。

那么，敏感者应该怎样让自己不那么看重面子呢？

首先，要明白"面子"到底是什么，将其与自尊区分开来。

自尊是一个人基于自我评价产生和形成的自我尊重，是每个人所必需的，如果一个人没有自尊，那么他将失去支撑自己的依靠。相较于自尊，面子更加表面化浅显化，是一种因太关注和在意别人的看法，而产生的类似于自我保护和对外界抵触的东西，这是偶然形成的，而不是必须存在的。

自尊是自身标准、原则的产物，而面子是大众看法的产物，简单来说，很多时候，你的好面子都是基于他人的在场而产生的。比如领导私下批评你，说的话即使有点重你也能够接受，但如果当着大家的面批评你，仅是批评这件事你就会觉得接受不了，没面子。而自尊不同，不管是当着众人还是单独进行，自尊时刻存在，假如领导说了侮辱你人格的话，你对此产生的感觉不会因为人多人少而有所改变。

很多时候，很多人可以为了一些事情而丢掉面子，但却可以为了自尊放弃很多东西。自尊和面子本质上就是不同的，不过也有着一定的联系，自尊心更强的人也更在意自己的面子。

明白了面子是什么之后，就要理性地看待它。

在社会中，我们会遇见形形色色的人，参与到各种各样的情景和场合中，可能遇到难堪的、让自己丢面子的事情有太多太多，如果时时刻刻好面子，不仅会活得很累，也会影响自己的人际关系。朋友之间的过分调侃、自己不合时宜的语言和举动、领导的批评、客户的故意刁难，很多时候我们都是在难堪与不难堪的边缘徘徊，一不小心，所谓的面子就没了。如果把面子看得太重，不良情绪将会跟随你的脚步，赖在你的生活中不肯离去。

不要把自尊或者面子依附于他人，不要太过在意他人的看法。当然，我们在一些时候要根据他人的建议来调整自我，但这并不意味着他人的标准就一定是正确的。面子这个东西关键还是看自己，自己觉得没丢就没丢，这就要求人们的心理素质应有所提高。敏感者之所以会看重面子，是因为他们总觉得自己在丢面子，主要原因就是内心太脆弱，心理承受能力较差，经历少是一方面，心中有过去的阴影也是一方面。可以做一些有关心理素质的训练，最好是能够将心中一直不敢触碰、伤痛的地方摆到明面上来，只有正视它才能战胜它，同时伤口也才能快速愈合。

再发生自认为丢面子的事情，不妨换一个角度去看待，将注意力转移到好的方面或者别的事情上。例如在聚会上别人为了劝酒说了很多让你丢面子的话，什么酒量不行、怕老婆等，你也完全没必要为了面子而去做自己不愿做又伤害身体的事情。可以换个角度想，虽然丢了面子，但对身体有好处，也避免了发生意外的可能，对家庭和睦也有帮助，总之并没有损失什么，反而得到了不少好处，不要因为面子而选择错的事情。

再者，敏感者最易联想，把多个事件联系在一起，这在丢面子的事情上是最忌讳的。当经历了一件没面子的小事之后，如果不去想那么多，过几分钟也许就会烟消云散，但如果你想得很复杂，把其他的事情都与之联系在一起，本来是麦粒大小的事情陡然变成了西瓜那么大，丢面子的感觉就会越来越强烈，反噬的作用就会越来越大。所以最好把丢面子束缚在一个框架中，是哪件事情造成的就集中去解决，不要对已过去的无法挽回的事情而懊悔，要着眼于当下，着眼于解决问题，而不是沉溺于问题本身。

事实上，很多人在面子上都很容易失去自我，敏感者更是如此，要记住自己的面子是存在于自己心中的，与他人无关，很多时候所谓的嘲笑和看不起只是他人素质低下的表现，我们无须为此买单。要记住，太重面子，更容易丢掉"里子"。

5. 总是疑心重重，喜欢刨根问底

你是否有过这样的经历：

朋友聚会时，你晚到了一会儿，或者中途去上了一次厕所，远远地发现朋友们在小声议论着什么，等你走近时他们会突然顾左右而言他，这时的你是不是好奇心爆棚，非常想知道他们在说什么，因为你怀疑他们在说你的坏话或者想要算计你，如果有可能，你一定会刨根问底让他们讲清楚；

爱人晚上回来比平时晚了一些，你会非常想知道他去了哪里，去做什么了，为什么不告诉你。如果他不说，你的怀疑程度就会成指数级增加，有时候即使他说了，你也不会相信，继续不依不饶；

男朋友收到一条异性的短信，他已经告诉你是哪个朋友，但你总觉得心里不舒服，只有知道那个人的全部信息，消除自己的疑虑才肯罢休。

当你觉得上述场景很熟悉时，那么毫无疑问，你的敏感程度绝对不会低。如果你真的是有一种打破砂锅问到底的求知精神，倒也值得称赞，但大多数时候你的刨根问底都是由敏感引发的，在无端的臆测和好奇心之下，很多你自以为与己相关的事情，不管大小、是否有用都想要知道个清清楚楚。

想要了解清楚跟自己或者自己关系紧密的人相关的事情，这无可厚非，但要注意尺度和分寸，更要以冷静的态度去面对、去询问。并且有的时候，再亲密的人之间也要有个人独立的空间，保留隐私的权利。

现实中，因怀疑对方而刨根问底的情况，较常出现在夫妻或情侣之间，在很多情感帖上，常常写着这样的文字。

某女：男友总说我喜欢刨根问底，这样很惹人烦吗？难道他有时候说谎我也不能拆穿吗？他一说谎我就能感觉到，然后特想拆穿他，就一步一步地问他，这样也有错吗？难道说谎是应该的？

某男：女朋友对什么事情都抱着打破砂锅问到底的态度，只要她觉得不对劲就会一直问，我说了又不信，我不说她又不罢休。有一次，我遇见一个好久没见的女同学，就多聊了两句，她买完东西回来之后，就一直追问是谁，我告诉她是老同学，她又不信，结果最后弄得我跟同学之间非常尴尬。

这样的帖子还反映出来一个问题，那就是怀疑和追问他人的女性数量偏多，有人说，因为爱、在乎，所以才会一直追问，而女生大多偏感性，更重感情。如果不是因为重视彼此之间的感情，谁愿意显露那么难看的姿态，这的确可以作为一个说得过去的理由，但绝不是唯一的理由。表达爱的方式有很多种，这一种是最不理智的，所以不要以爱为借口。另一方面，不单单是女生，男性刨根问底怀疑的情形也不在少数，甚至更为严重。出现这种情况，除了重感情、占有欲强、小心眼之外，大多时候可以归咎为敏感，诚然爱人之间出现小问题、小摩擦是常有的事情，不管问题大小一律以"追问""不依不饶"的方式解决，只能引发更大的危机而不能解决问题。

很多人都会说女性的直觉、第六感非常准，且有事实作为论证依据，的确很多电视桥段以及真实的生活片段都表明女性的预感能力，不过这并不能成为毫无根据地猜测、怀疑的理由，刨根问底的后盾。实际上，爱人之间的相处也是一门大学问，每个人的性格、情况不同，相处模式也有所区别，不过在某些争执上，敏感程度低的人是不会像高度敏感者一样刨根问底的。

还是以上述某一情景为例，当你发现你的另一半可能存在某些问题未向你坦白时，比较合理的处理方式为：先判断事情的大小，然后心平气和地坐下来交谈，引导对方坦白，如果对方不想说也没必要逼迫，要留给彼此隐私的空间，最后根据对方的态度和事情的严重程度来做出相应的反应。比如对你们之间的关系影响很大的事情，对方或闭口不谈或明显地言辞闪烁，那么完全可以重新审视这段关系；如果是不太重要的事情，对方不想说就不要因为好奇心而追问，信任和空间是维系一段关系的必备因素。

敏感者一般会怎么做呢？当遇到这种情况，敏感者不会第一时间去考虑事情是大还是小，因为他们的情绪会立刻被激发，接着就有强烈的欲望想要知道事情的真相，所以一般情况下的表现是，上来就迫不及待地追问，虽然并没有恶意，但往往表现得咄咄逼人，这是体内激素水平飙升的反映。如果对方闭口不谈，就更会激发敏感者的好奇心，难以善罢甘休。而在这种情况下，被追问者很容易产生不耐烦或其他不满情绪，即使是一点点也能被触角发达的敏感者轻易捕捉到，接着就会用丰富的想象力去揣测事实真相，进而不相信被追问者的话并持续追问。

从旁人角度来看，如果是重要的事情还能说得过去，但如果是一件小事，这种举动未免有些大题小做，反应过激。但是站在敏感者的角度，他不过想要一个答案，在强烈的好奇心、敏锐的感知、丰富的想象力、缺乏安全感的内心、对情感的依赖等原因的作用之下，不自主地会做出过激反应。其实他自己也不想这样，也是受到伤害的一方。如果你的另一半是相对敏感者，你就要试着去理解他，尽量避免这样的情况发生，当然敏感的一方也要适当控制自己的情绪，把握追问的程度。

除了恋人之间，追问和怀疑也会出现在朋友当中，尤其是多人好友、共同好友。比如像开头提到的，撞见了他们在讨论什么，就自然而然地联想到在说关于自己不好的方面，随即好奇心爆棚，不过对于普通朋友的追问，敏感者往往不会像对恋人那般激烈，表面上仍旧云淡风轻，可能只会不痛不痒地问一句"你们刚才在说什么啊"，但其实心里早就翻江倒海，五味杂陈，对此念念不忘，并在之后的时间里找各种各样的机会进行打探。

事实上，越是关系亲密的人，敏感者关注得越深入、越"苛刻"。亲密的人越是有所隐瞒，敏感的人越会深究，反应也会越激烈。其实敏感者的内心是极度缺乏安全感的，这也是他们会把情感看得很重的原因，一旦他们发觉一段关系出现了问题，警报就会拉响，在"怕失"心理的作用下，他们就会通过追问怀疑的方式以求快速了解事情的真相，来挽回和修补这段情感，而这背后是一颗脆弱的心。

喜欢刨根问底地怀疑，是敏感者的特征之一，但并不是所有的敏感者都是如此，也不是所有的追问都是无意义的，所以敏感者无须为此过度烦恼，在问题发生时注意调节自己的情绪和怀疑的程度，记住一句话：真正爱你和在意你的人不会做对不起你的事情，而那些与你无关的人，你也无须费精力去关心。

6. 时常感到焦虑，甚至恐惧

现代社会人们的生活、工作节奏普遍加快，来自各方面的压力也越来越大，焦虑和抑郁似乎已经成了规模性存在的情绪问题。刚进入社会的青年人和上有老下有小的中年人是最容易出现焦虑症的群体，而随着教育方面压力的增加，学生群体也大有迎头赶上的趋势。

焦虑的解释是，对自己或亲人生命安全、前途命运等过度担心而产生的烦躁情绪，焦虑的人会陷入负面情绪中，时不时地感到紧张、惶恐、着急不安、忧愁、郁闷等。一般来说，焦虑常常与外界客观的因素联系在一起，比如危险情况，无法预测充满变数的重大事件，这些都能引起人们短时间的焦虑，不过当事件过去之后，焦虑也会随之消失，这种焦虑是正常的，是人们对外界刺激的正常反应。不过当下的焦虑更多的是另一种，因为生活的不如意或者毫无原因地长期处于焦虑的状态，担心以后的生活，担心生病死亡，担心被人看不起……

因为在现实中，不少人都会面临这样的情况，做着不喜欢的工作，拿着微薄的薪水，看到身边的同龄人逐渐优秀而自己还在原地踏步，来自父母的期盼，结婚买房生小孩的压力，等等。面对诸如此类的现实情况，很多年轻人就会产生这样的感觉：对前途和未来没有明确的规划和方向，十分迷茫；思想上想要改变想要进步，身体上的惰性却又把这点苗头扑灭；想要过上理想中的生活，又缺乏奋斗的方向和勇气；害怕成为无用之人，被人看不起……如此，另类焦虑就诞生了。

长期处于焦虑状态的人，无论是生活还是工作都会受到不小的影响，郁闷不安是常态，对比网上各种抑郁测评中那些极其相似的症状，人们会觉得自己是生病了，得了抑郁症或者其他心理疾病。

近年来，各种新型的情绪疾病层出不穷，焦虑症是其中的典型，不少人都被确诊，但实际上，并不是存在焦虑就一定意味是情绪病，适当的焦虑会让人产生动力。天生敏感的人较常人更容易抑郁和焦虑，不过这不是病症，是人格特质之一。

这类人容易焦虑和恐惧是天生的，而非积攒已久爆发的病症。因为他们是非常容易受到外界影响，并将这种影响牢记的人，也就是说，敏感人群的焦虑看似是毫无理由爆发的，但其实还是受到了外界的影响，且这种影响可能是近期的，也可能是很久之前的，更多的时候是因为普遍发生的事情或情境，所以敏感者产生的焦虑和恐惧是间歇性的，但是时常存在的。

一个女孩在小的时候缺少父母的陪伴，总是一个人独自度过漫长

的夜晚，而现在，一到夜晚女孩就会表现出恐惧和局促不安。旁人可能不会猜到事情的真正原因，只会觉得奇怪，这个女孩怎么这么突然地就陷入焦虑了呢？

这种深远的影响会一直存在，这就会导致敏感者长期处于焦虑状态之中。当然，由于产生这种影响的事物不同，出现的频率也会不同，焦虑的状态可能并不会那么连续，但依旧是间歇而长期存在的。

除了这种阴影式的焦虑外，其背后反映出来的还是敏感而脆弱的内心，敏感者产生焦虑和恐惧更多的是下面的情景。

一个躺在床上的婴儿，原本非常开心，当有人将一个玩偶放在他身边时，他突然号啕大哭，只是因为任何新的事物突然出现在身边，他都会觉得不舒服。

考试的时候，如果别人都非常认真，敏感者就会十分紧张和害怕，生怕自己考不好，最后发挥失常；如果别人看起来都不认真，那么敏感者就会十分轻松，发挥稳定。

同样地，看到身边的朋友、同学甚至陌生人都在奋斗、拼搏且在不断进步，敏感者就会产生极度不安的心理。

焦虑和恐惧一直伴随着敏感人群的成长，并不会因为个体状态的改变而发生太大的变化，也就是说，无论个体是压力小还是压力大，处于人生的哪个阶段，焦虑和恐惧产生的可能性是一样的，只不过因为外界刺激出现的频率不同而有所差别。

有的敏感者在幼儿时期就会很容易感到焦虑和不安，站在旁观者的角度看，他们的人生似乎始终要与焦虑为伍，但事实上，相关研究表明这类孩子长大后更善于社交，更容易遵循父母的建议，学习成绩也更优异。

当然，也有的敏感者不会那么早就表现出来这种特点。长大之后的人们常常会享受趋同心理带来的心安理得，敏感者更甚，大家都一样或者我还更好一点，那就没必要焦虑，但是如果大家都比我好，我就会不安和烦躁。当潜在的危机意识苏醒后，又无法通过自身的能力去弥补某种不平衡感，焦虑就会产生。对于这种微妙的感觉或者通过细节判定某个人的状态，一般人可能并不会留意，但这在敏感者心中却是一种巨大的威胁。

有一句形容焦虑非常贴切的话是这么说的：焦虑的产生并不是因为外界具体的事物或情景，而是由于它们引发的想象中的危险。虽然这个危险并不在眼前，甚至发生的可能性根本无法确定，但是人们会为将来焦虑，为自身安全焦虑，为即将面临的某种不确定性焦虑。

就像女孩因黑夜产生恐惧和焦虑，表面上看是黑夜导致的，但是深层原因却是内心极度缺乏安全感；别人越认真，自己考不好的可能性就会越大；别人越奋斗越优秀，自己成为没用的人被别人看不起的可能性也就越大。后两种情况所反映出来的是敏感者的又一特征，习惯于将自己的情绪归因于他人的行为，其实自己考得好或差、成功与否，与别人的认真程度是没有关系的。

对于敏感者而言，恐惧和焦虑就像是一对形影不离的好朋友。因为对某种事情或情景产生莫名的危机感后，恐惧就会出现，而恐惧到一定程度就会变得焦虑不安；同样因为某种刺激而陷入焦虑之后，恐惧感也会随之而来。

对于自身出现的长期间歇性焦虑和恐惧，先不要着急地认定为得了抑郁症或者其他病，因为这很有可能是敏感引起的，并不是机体内部出现了问题。

有的时候，恐惧和焦虑无非是无病呻吟，越没有事情可忙，越闲暇时，越容易胡思乱想，所以让自己动起来忙起来也是一种不错的方法。不过有的时候，人们会处于越努力越焦虑的状态，这就意味着奋斗的方向或者方式是不正确的。你想用勤奋、努力来获得心安，排解因害怕懒惰而毫无作为的焦虑，这无可厚非，但方向、方式不正确就只能是做无用功，越忙碌越没有成效，从而越焦虑。

敏感人群想要打破不断焦虑、恐惧的恶性循环，首先要做的就是弄清情绪的来源，弄清导致恐惧和焦虑产生的根本原因，只有正视恐惧才能战胜恐惧。

由于敏感的人极易受到外界影响，所以要尽可能避免让自己处于不舒服的环境中，但这并不意味着敏感者要"与世隔绝"，而是要寻找和建立起更多适合自己的生活方式和行为模式，同时也要学会适度调整自我，主动适应环境。

正如太宰治在《候鸟》中所言：太敏感的人会体谅到他人的痛

苦，自然就无法轻易做到坦率。敏感型人格彻底地从焦虑和不安中脱离出来并非易事，但是这些也并非敏感特质固有的组成成分。每种气质和性格都有它的闪光点，缓解困扰的最好方法就是接纳。

7. 一直觉得"自己不如别人"

跟一群朋友闲聊，不知道谁说了一句无心的话，你想要嗨起来的内心突然凉了半截；

当你兴冲冲地将自己认为好的东西分享给大家时，他们却都一动不动反应冷淡，你瞬间觉得自己有点多此一举；

当你穿上自己非常喜欢却一直没有勇气穿出来的衣服时，被好朋友开玩笑地吐槽了一下，心情马上降到了冰点，恨不得立刻脱掉；

当别人因为某件事而欢呼雀跃时，你却因为某一个触及点红了眼眶！

所以，你的朋友、同学、同事都说你太敏感了，这样不容易幸福，不会得到快乐。但是他们没有看到的是敏感者背后深深的自卑感。

他们只知道那个人很敏感，很玻璃心，动不动就不高兴，但他们不知道的是，那一句无心的话轻易击碎了一个人花费很长时间建立起来的还算强大的内心；那一句玩笑式的吐槽，重新又把他好不容易涌上的自信狠狠摔在了地上；那一个欢乐的瞬间，在他久久无法愈合的伤口之上又添了一道新疤……

多数敏感者的内心深处似乎都有一处脆弱甚至忌讳的地方，它曾使敏感者深受打击或者备受煎熬，因此被锁在了最深处，不愿再去触碰，也不愿去面对。在之后的生活中，如果遇到了某些与之相关的场景或事件，敏感者就会表现得不自然，显露出不舒服的迹象，也因此常被他人诟病成矫情、做作，而这令敏感者的忌讳又加深了几分。

由于这些脆弱之处的存在，他们只好构建出很多"自我保护机制"，比如不爱说话、做事谨慎、反应激烈、自尊心极强等，也只有这样，他们才会拥有更多的安全感，由此留给他人的印象就是不合群、开不起玩笑、玻璃心，但其实这只是他们对于自己内心阴影的掩饰，是一种害怕再次受到相似伤害的自我保护。

而内心的伤痛和阴影，使得他们在某些方面总是有着沉重的自卑感，尽管这不是他们的错，这种自卑感仍会不断蔓延扩增，由点及面，最终使他们感觉到自己在很多方面都不如他人。

比如，一个人小时候家庭不幸福，父母总是吵架，而他则需要时刻察言观色不去惹怒父母，生活得小心翼翼，由此变得非常敏感，同时也留下了极深的心理阴影。长大之后，看到别人家庭和睦，他就会被触动，产生负面情绪，而这也成为他的自卑之处，总是觉得自己没有幸福的家庭就是低人一等。

　　还有的人在小时候常被人调侃"不好看""丑",看得开或者对自己相貌本身就很自信的人或许不会在意,但大多数情况下,人们都是非常在意的,久而久之他们在外貌上就会产生极大的自卑感,也会在这一方面变得极度敏感,即使是被人看一下也能归咎于自己长得太丑。长大之后,就算有人开始夸赞他们长得漂亮,这种自卑感也不会轻易消除,他们还是对自己的外貌有着难以释怀的在意。

　　又或者某个人在某件事情上做得不好,没有完成,从而被严厉指责或者造成了非常不好的影响,这也会成为他的敏感和自卑之处,无法轻易释怀,只要涉及相关方面,就开始紧张、局促不安。

　　诸如此类,大多数敏感者都有这么一处禁忌,那是他们无法轻易忘怀的伤心之处,让他们承受着极大的痛苦,由此成为敏感和自卑的诞生地或者扩增发展之处。

　　然而,当你非常在意一件事情、一个东西时,你的情绪、心情就会随着它变化浮动,越是在意越会把事情引向与预期相反的方向,把事情办得更糟糕。在这样的情况下,你又会受到同样的伤害,心中的阴影再次加深,如此反复陷入恶性循环。内心深处的自卑感会越来越严重,每次发生类似的事件就会敲响警钟,而导致你不敢参与其中,或者即使参与也往往不会有好的结果。你会越来越觉得自己一无是处,觉得自己哪里都不如别人,甚至于到最后不管是不是发生类似的事情,只要是遇到挫折,遇到不如意的事情,你都会归咎于曾经不好的经历,归咎于自己的自卑敏感之处,并将其不断放大,从一点出发进而否定自己的全部。

除了本身由于某种原因产生的自卑感之外，敏感者总是感到自己不如别人的另一点原因是，对自己要求太高，害怕因为自己的过失而影响他人，因此会盯着自己的缺点看，将缺点放大，跟他人的优势相比，跟比自己强的人相比。

那么敏感者如何消除自卑感，树立自信心，不再生活在他人的"优势"之下呢？

首先，要正视心中的阴影，不管是生存环境所致还是他人的偏见所致，心中的阴影不消除，自卑感就不会消失，信心也就难以树立，即使树立起来也相当脆弱，随时会被打回原形。其实很多时候，心中的阴影或伤痛并没有那么可怕，只是自己主观上不断将其恐怖化，又不敢将其拎出来深入分析和思考，只要敢于正视它，深入其中寻找原因，你就会发现一切不过是自己吓唬自己，自己折磨自己。对于过去的错误也好，不如意也好，我们自然不能轻易忘记，但是需要铭记的从来不是伤痛本身，而是从中学到了什么以及如何解决。

其次，如果某些伤疤的确无法彻底消除，那就要学会封存和淡忘，不要把正在发生的不好的事情与之联系在一起，要让它和过去的其他事情一样成为曾经，而不是贯穿你的整个生命历程，凡事都要向前看，而不是沉溺于曾经的痛苦之中。

金无足赤，人无完人。每个人都是优势和缺点的组合体，很多事物都有两面性，我们无须太在意自己的缺点，更不应该用他人的优势来打压自己。当然，每个人都应该以比自己强的人为榜样去学习，但我们要学习的是他人的长处，而不是用他人的长处来压制自己的积极性。

所以在必要的时候，可以想一想曾经糟糕的自己，或者与不如自己的人进行比较，以增强自信心。

"感觉自己不如别人"可以促使自我进步，自我完善，但"一直感觉不如他人"就是自卑的表现，自卑过头不但不会促使人进步，还会使人陷入无端的消极中，停滞不前。

8. 超出承受限度的自责

当事情的发展达不到自己所期望的结局时，会觉得失望，并在失望之余陷入自责之中；

害怕伤害到别人，总是小心翼翼地兼顾他人的情绪，当某一件甚至连失误都算不上的小事对他人造成不好的影响时，别人还未在意，自己却会自责良久；

明明是别人的错，生气反思之后竟成了自己的问题……

不爱说话，沉默寡言，尤其是在人多的场合，因为那么多人盯着自己会不舒服，也害怕说错话，因为一旦失误，就会恨自己很久，甚至于每次回想起来都无地自容……

敏感的人在某些方面真的是一种奇怪的动物，脑回路跟常人完全不同，有着自己独特的思考方式，超出限度的自责是敏感者又一大特征。

　　小常和小李是好朋友，但是两个人在不同的城市工作。有一次，小李打算到小常的城市去玩，因为小常的住处离车站很远，小李又是第一次来，所以小常理所当然就去车站把她接了过去。小李就属于敏感型人格，特别怕麻烦别人，就因为小常跑很远来接自己而感到非常过意不去。然而第二天，小李因为有事早上就要回到自己工作的城市，对于她这样的路痴来说，在这么短的时间内弄清错综复杂的交通线路实在困难，在离开的时候也只得由小常起早把她送到车站，看着小常连连打哈欠，她心里自责极了。回到自己工作的城市后，小李跟小常聊天，小常一句"因为送你我没睡好"的玩笑话使小李本就自责的内心又加深了千万倍，接连好几天对这件事情都无法忘怀。

　　也许，不太敏感的人会认为这个故事有些夸张，但我要说的是，现实中高度敏感者可能会比故事中的情况严重得多。

　　不单单是敏感型人群，其他性格类型的人也会过度自责，只不过敏感者更容易出现从自责中无法轻易抽离的情况，完全超出了限度。

　　为什么有的人喜欢过度自责呢？过度自责除了让自己难受之外并没有什么用处，这不是一种情绪上的自虐吗？

　　自责，是因为对个人的错误或失误而感到内疚、羞愧、不甘，进而责怪自己。总的来说，自责主要产生于两种情况之下，第一是真真切切地犯了错误，产生了严重的后果，可能会受到身体或精神上的惩罚；第二种情况仅仅是小小的失误或者行为不当而给他人和自己带来了一些麻烦，但并没有造成严重的后果。

　　生活中因为自己的原因，失去了爱人或朋友；工作中因为自己的疏忽，使得公司错失了一单生意……这类比较重大的影响深刻的事情。

　　因为说错了一句话而惹得别人不高兴；因为自己的原因给朋友带来了一些小麻烦；因为事情做得不够完美；上司有一点点不满意……这类简单的影响不大的小事情。

　　第一种情况下，大多数人都会产生自责的心理，因为事件太过重大，而这种情况产生的过度自责甚至可以理解成"为避免受到更重惩罚的一种防御机制"或者"为逃避现实逃避责任的一种方法"。

　　因为害怕受到更严重的惩罚，先进行自我惩罚、自我责备以求获得谅解，不管是不是敏感者，都可能会产生这样的想法。而对于敏感者而言在这种想法之外更多的是对自己错误行为的悔恨和愧疚，敏锐的触角会使他们很快体会到别人的感受，将对他人造成的困扰加持在自己身上，还会将惩罚不断放大。

　　第二种情况下的自责更是敏感者的专属。对于不敏感者来说，他很难留意和在乎一句话、一个小失误的影响，所以出了点问题，他也不会陷入自责，因为他自己根本发现不了或者即使发现了也不在意。敏感者就不同了，在大错误之上的"自我责备"也许跟常人相差不了多少，顶多负面情绪爆棚，不容易从中走出来。而在小事件、小失误上其自责的程度、持续的时间可能更深更长，因为大的错误造成的后果是明朗的，是毋庸置疑的，是无须胡乱猜测的。而小的失误、不当行为造成的后果虽不严重但却是模糊的，而敏感者又善于同他人感同身受，就会将他人表露出来的一点点不好的迹象放大，不断想象猜测是不是对别人造成了麻烦，他看起来不高兴是不是因为我的行为等，即使有的时候并不是自己的原因，他也会通过自我解读归咎于自己，当反思到达一定程度时就会开始悔恨和责备，对过去自己的行为不认同甚至后悔，想要重新来过。

一定程度上的自责，是认识错误，承担责任的表现，而过度自责却更像是不想负责的借口，因为当你一直沉浸在痛苦和悔恨之中时，就会缺乏"站起来"的动力，从而忘记接下来要做什么，更谈不上负责和补救。一旦人们从某件事情开始采取"过度自责的保护模式"后，就会将这一模式固定化，之后再遇到类似的情况，自然而然又陷入过度自责当中，似乎这种方式可以缓解愧疚感，使自己稍微心安。

其实超过限度的自责也并非全然都是坏处，最起码对于犯错或失误的本人来说，过度自责可以防御内心因害怕惩罚和得罪别人以及无法操控事情而产生的焦虑感，也能够对今后的自己起到警醒的作用，当事情还在自己控制范围之内时，尽可能去做好它。

敏感者比常人更容易也更普遍产生超过限度的自责，敏锐的触角和同理心是一方面，另一方面也源于内心深处的自卑感和讨好型人格，虽然并不是所有的敏感者都是如此，但也是一个重要的原因。

9. 喜欢独处，又害怕孤独

从某些方面来看，敏感型人格似乎也可以理解成一种矛盾型人格，因为拥有这种人格的人会在很多时候表现出完全相反的两种特征，给人一种"变化无常"的感觉，很难让人理解。

他可能前一秒说了一堆优点，后一秒又将这些优点全部否定；一场聚会，他很想去，去了之后又想着赶紧回来；对一件物品、一个人、一件事情的看法也总是飘忽不定，然而最大的矛盾之处在于独处和社交。

我们知道，敏感者常常与内倾性格联系在一起，敏感者很有可能也是性格内向的人。内向性格的人内心世界是五彩斑斓、丰富多彩的，他们无比享受独处的时光。不过需要强调的是，外向并不等同于开朗、活泼、健谈，很多看似开朗的人其实也是内向性格，区分的关键因素就是"是否喜欢独处"。

从心理学的角度来看，这与人们的心理能量相关。所谓心理能量就是一种驱动力，当你做你喜欢做的事情时，就能获取能量，而当你对所做的事情充满抵触心理时，心理能量则处于消耗的状态。内向性格者之所以享受独处，就是因为一个人时就是获取心理能量的时刻，他们通过独处来恢复精力，而与他人相交却是在消耗精力。他们从不认为独自一人会寂寞无聊，在他们看来每一本书都是一个鲜活的生命体，每一件物品都带有灵魂，即使抛开这些外在的东西，他们还有深度的思想、超强的想象力，这些都使得他们在独处中能够获得独一无二的快乐。

在人多的场合，与人交往时，尤其与那些跟自己不投缘的人交流时，敏感者会感到不舒服，很容易心力交瘁，因为这时候的他们在持续消耗自己的心理能量，所以相比于人多的地方，他们愿意独处。然而在敏感特性的作用下，他们却无法像单纯的内向性格者一样，专注地享受独处时光。

而这恰恰反映出了敏感的本质，容易捕捉细微信息，喜欢想象和联想，容易受到外界影响，情绪容易波动，内心缺乏安全感。

敏感者独处读一本书时，开始时他可以借助于自己的想象力畅游在书本的世界里，这时候他是快乐的，但是在某个瞬间他可能会被书中的某个情节深深地触动，比如情侣约会、朋友游玩、家人团聚，然后联想到自己独自一人，于是一种孤独感油然而生，情绪低落。

又或许，一个人眺望窗外时，看到了瓢泼大雨中没有伞的人在极力奔跑，看到了一对头发花白的老夫妻搀扶着走路……总之这些略带

伤感的场景很容易勾起敏感者内心深处的孤独和寂寞，就像文人墨客
们的"伤春悲秋"。

在这种情况下，敏感者就形成了非常矛盾的心理，他们一方面认
为与他人相处的代价是昂贵的，不希望将精力花费在无用的不喜欢的
事情之上；另一方面又害怕独处时席卷而来的孤独感将自己淹没，所
以又渴望他人的陪伴。

敏感者常常会做一些自己内心并不喜欢的事情，交际就是其中之
一。一种情况是因为受到长辈、老师的影响，因为敏感者太在意他人
的情绪和看法，所以当亲近的人推崇外向型性格时，即使他不是，他
也会试着表现出那个样子去迎合；另一种情况就是敏感者本身的需
求，他害怕孤独，所以尽管自己不喜欢，必要的时候也会跟别人交际
交往。

那么，应该如何跳出这样的困境呢？容易感知，容易受到影响，
这是敏感特质，是无法轻易改变的，你不可能让一个敏感者不去思考
和想象，也不可能让他完全控制好自己的情绪，做到"不以物喜，不
以己悲"。

首先，要客观看待这一特征，明白敏感和内向是性格特质，既
有略微劣势的一面，也有独具优势的地方，喜欢独处是敏感者心之所
向，而渴望陪伴是人类不可或缺的本能需求。

其次，敏感者要在纷乱的社会中找到自己能够适应的生活方式和
行为模式，而不是一味地强求独处，忍受孤独。比如不排斥社交，通

过社交结识到志同道合的朋友。

敏感型人群可以不去广泛地交际，但一定要有两三个挚友，在感到孤独时，有人能够陪伴，并且能读懂你的内心。

第二章

敏感不是缺陷，而是性格特质

　　敏感度常被众多心理学家提议作为开放性、内倾性、宜人性、责任心、神经质之外的第六个维度加入测量一个人的人格特征当中，这表明敏感是一种性格特质。

　　而且，有的人总是习惯于盯着敏感的劣势不放，反而忽视了它本身的优点，他们没有看到，拥有敏感特质的人普遍拥有一些普通人不具有的独特天赋。敏感不是缺陷，是上天恩赐的礼物。

1. 别急着改变，先认清自己

如果你的敏感指数较高，存在前文的诸多困扰，第一个映入脑海的想法可能就是——改变，通过各种方法、措施来降低自己的敏感指数，减轻敏感的程度。但是这并不是一件简单的事情，所谓的方法也不可能达到立竿见影的效果，还有你是否真的了解敏感呢？或者说从你自身的角度去看，敏感带给你的只有困扰吗？

如果你不确定，不妨把改变放一边，先试着去了解自己，了解自己的性格，了解对各种事件的反应，找到擅长领域，认清优势所在，正确认识敏感带来的影响。

人们能看得到满天繁星，却看不到自己脸上的灰尘。人总是能够看清自身以外的人和事，却很难认清自己，人生在世最困难的事情莫过于认清自己，最大的不幸也是没有认清自己。

然而认清自己对于敏感者来说更是一件困难事，因为深受敏感困扰的人往往存在着自卑心理，认为自己一无是处，总是不如别人，每天都过得小心翼翼，力不从心。他们还很容易将生活中遇到的各种不如意归咎于敏感，认为敏感是使自己活得如此辛苦的罪魁祸首，并从心底里希望尽快摆脱掉它。

敏感真的如此不堪吗？被敏感选中的人生注定备受煎熬黯淡无光吗？提到敏感，不得不说的一个人就是曹雪芹笔下的林黛玉。

林黛玉的出身虽有钟鼎之家的尊贵，又不乏书香之族的高雅，但其身世与薛宝钗、贾宝玉、史湘云等同辈人相比，无疑是最坎坷的一个。黛玉从小体弱多病，父母虽视其为掌上明珠，但让她读书练字，却有充当假子之意。而母亲因病去世后，黛玉的命运又发生了重大变化，她脆弱的心更加敏感，父亲的去世更是直接宣告了她的孤儿身份。无所依靠、寄人篱下使得黛玉的敏感多疑、小心谨慎、忧思郁结被完全地激发了出来。在身为读者的我们看来，黛玉的一生可谓"凄凄惨惨戚戚"，而罪魁祸首非敏感莫属。如果黛玉能够不那么敏感，不总是胡思乱想，少一些琢磨猜测，神经大条一点，说不准就能快乐长久地活着，不至于那么年轻就香消玉殒。

但是，事实真是如此吗？其实从一些片段中我们就能得到答案，黛玉虽也是官宦之女，但偌大的贾府中的规矩也不是她可随便洞悉的，于是就有了开头的一幕，黛玉初进贾府，在用饭前，先仔细观察其他姐妹如何漱口，如何洗脸，再动手效仿，不至于在众人面前闹笑话。这一场景体现出了黛玉的聪慧和心思缜密，而这不能忽略敏感的作用，从另一个角度来看，这一场景也体现了名门贵族中的种种束缚、规矩和等级，倘若真如大家所愿，黛玉变成一个神经大条的人，即使有贾祖母的疼爱，能否在偌大的贾府生存下来，却也很难判定。因此，可以说，虽然黛玉的一生深受敏感的困扰，但也是敏感使得她能够准确快速地察言观色，感受到危机威胁，不至于受尽排挤和陷害。

《红楼梦》中还有一个经典桥段，黛玉曾送给宝玉一个亲手缝制的荷包，有一次因为袭人的一句话，黛玉就各种联想，怀疑宝玉把荷包送给了别人。黛玉不听宝玉的解释，依据自己无端的猜测发起了脾气，回屋就把为宝玉制作的香袋给剪了。宝玉见状，忙把荷包拿出来，讨好似的说道："你看看这是什么，我哪一回把你送的东西给别人了？"本以为这个乌龙到此就结束了，谁知黛玉又因为自己的无端怀疑开始懊恼，将手中的香袋剪得更厉害了，宝玉也有点生气，将手中的荷包丢了出去，"你也不用剪了，你就是懒得给我东西，我现在就将荷包一并奉还！"黛玉一听越发生气又不禁委屈起来，拿起剪刀连荷包也剪了，那泪眼汪汪的模样着实令人心疼，最后宝玉只好妥协，好言好语讨好相劝，事情才得以了结。

敏感的人有时候就是这么"难搞"。林妹妹对荷包如此敏感是在乎与宝玉之间的感情，但她却不明说，通过这一系列的行为来表达自己的情感，希望得到宝玉的回应，而当意识到自己的无理和宝玉的不理解时，更加生气懊恼起来，所以把荷包也一并剪掉了。现实中，诸如林妹妹这般高度敏感者也不在少数，他们可能会因为朋友一条没有秒回的消息而胡思乱想良久，因为同事一句"冷淡"的回应而反复琢磨一整天。

这其实是敏感者的重要特征之一，以发达的触角感知周围的细微变化，若没有得到回应，就会在脑海里幻想和构思各种情节，他们的情绪极易波动，但同时具有较强的共情能力。以黛玉的荷包事件为例，虽然从表面来看敏感的林妹妹就是无理取闹，但仔细看来不难发现，整个过程中，宝玉的情绪始终都被林妹妹所牵制，即使他有所反抗，最终也不得不"臣服"。从林黛玉在贾府的生活状态、人际交往来看，很多时候她都是小心翼翼的，不轻易表露自己的情绪，更不会这般无理取闹，麻烦别人，但为什么单单在宝玉面前如此呢？那是因为她心里知道宝玉是喜欢自己的，所以才将自己脆弱任性的一面表露出来，更惹得宝玉的怜惜。而在与他人争论时，她有时会用一些尖酸刻薄的话讽刺和挖苦他人，直击要害，令他们毫无还手之力。

此外，这种敏锐的感受能力和洞察力还使得黛玉在诗词歌赋上颇有造诣，黛玉写的诗词总是出类拔萃，不管是在对仗押韵上还是在表达深意上比他人都要略胜一筹。在平常的谈吐和交往中，黛玉也总能对答如流，言语得体，而这些与敏感是分不开的。

很多在艺术和文学方面具有创造力的大人物都有敏感的一面，例如婉约派词人李清照、知名文学创作者普鲁斯特、天才画家梵高、拥有不幸童年却谱写出无数激昂乐章的贝多芬、乐坛大人物李宗盛、作词达人林夕等。

现实中敏感的人们也许仍旧只是生活在困扰中，并没有感受到敏感带来的积极作用，所以才会想着尽快改变自己，逃离敏感的魔爪。如果你也是如此，不妨先从上述林妹妹的角度去回想敏感是否也曾带给自己很多正面的积极作用。

正如上面提到的那些文人创作者，他们也曾深受敏感的困扰，但在某一天找到了抒发情思郁结的途径，将敏感很好地利用在了自己所擅长的领域。我们同样也可以利用敏感交际，成为社交达人；利用敏感留意生活，成为创作家；利用敏感在职场生存，成为职场高手……

关于如何认清自己有三种简单的方法：第一就是上文展示的与同类型的人进行对比，敏感者完全可以跟林黛玉或者其他敏感且性格大致相近的人进行比较；第二是向亲戚朋友同学等身边的人求助，让他们如实告知自己的优缺点，再进行自我分析，找出哪些是与敏感相关的；第三是通过小测试问答来分析。

总之，如果你也是一个敏感的人，别着急改变，先认清自己的优劣势，认清敏感本身，试着与它相处而不是一味排斥，再慢慢进行调整，最终减轻敏感的困扰。

2. 敏感是对刺激的正常反应

尽管敏感是一种特质，甚至可以说是一种独特的能力，但在其负面作用的威胁下，多数人还是受困于这种能力。当下，人类对于个人心理发展越来越重视，大多数父母已经开始从幼儿抓起，与此同时，内心敏感的人也越来越多。那么，敏感究竟是如何形成的呢？

敏感的产生通常被认为有两种原因：一种是与生俱来的抑郁气质得到了不断加强；另一种则是后天影响，产生的时期常被锁定在幼童年和少年时期。

现实生活中，经常会看到这样的现象，一个孩子较多的家庭里，生活环境、父母关爱均等的情况下，兄弟姐妹的性格有时候却大相径庭，有的神经比较大条，不太关注旁人的态度，而有的却相对敏感，容易受到人和事的影响……而在双胞胎中，这样的情况更明显，往往是一个较为敏感，另一个不太敏感。

最近，一个名为《我们是真正的朋友》的综艺节目热播，节目有中国台湾明星大小S（徐熙媛和徐熙娣）参加，观众如果观察得足够仔细的话，可以在这对姐妹身上发现一些不一样的地方。

大S是比较细腻的那一个，在节目中表现得稍显内敛，无论是讲话还是做事，都比较有分寸，这就能看出，她是一个对身边人和事比较敏感的人。而小S则正好相反，她表现出了神经大条女生该有的一切行为，说话做事丝毫没有考虑过环境、场合，这就说明她是一个比较不敏感的女生。

同样环境长大的一对姐妹，为什么会出现这样不同性格的情况呢？心理学家布赖恩·利特尔（Brian Little）曾做过一项专门的研究，当人们在新生儿的周围制造声响的时候，有的会对声源表现出浓厚的兴趣，主动地探索声源位置，有的则会极力回避。而那些主动探索声源的儿童在成长过程中往往表现出对自我的关注，不太容易受到小事的影响，而回避声音的儿童则更有可能成为敏感者。

实际上，每个人在出生之际都是有脾气秉性的，这被称作"先天的精神胚胎"，是由遗传基因决定的。基因的活跃程度造就了人类先天的气质，在生命的最初就得以体现，并在幼儿对外界刺激采取的反应中起着主导作用，并在之后成为个体人格特质的基础内核。

可以说，精神胚胎是人类性格的底色，在一定程度上决定了性格的大方向和部分人格的形成，而性格在未成型时一般就是指人对外界刺激的不同反应。气质类型说中指出抑郁质的人群天生敏感，拥有较强的洞察力，因此有部分敏感者在出生之时其精神胚胎就决定了他本身的敏感特质，在生命的最初期就对刺激的反应显现出格外敏感。

不过，我们还会见到这样的情形：一个人从小就非常敏感，体现在待人做事的谨小慎微上，然而进入青春期之后，却突然变得关注自我，对之前敏感的事情渐渐不太在乎了。总之，就是一个人在某一个时期突然变得与之前性格截然相反或者变化非常大，而产生变化的时期通常是在某个年龄过渡阶段或者经历过较大的变故之后。

这表明基因固然决定了性格的基础特征以及部分人格的形成，但这并不意味着我们是哪一类型的人是注定的，强烈的外界影响和个人意愿依然能够改变性格的大方向，一个活泼的人可以变得沉稳，一个脾气暴躁的人也可以变得温和，只不过在精神胚胎的影响下，不会比天生沉稳的人更沉稳，比天生温和的人更温和。

在外界因素或者个人意愿影响之下，人们应对外界刺激的方式和反应都有可能发生变化，刚开始时可能无法察觉，但到达一定的程度之后就会发生质的改变，也就是说性格突变的人们看似是一瞬间变得不同，实际上是经过长期积累的瞬间迸发。同样的后天型敏感特质的形成也是这样一个厚积薄发的过程，只是应对外界刺激的反应程度发生了变化，而其形成则一般是在生命历程的早期或者极大变故之后。

在婴幼儿时期，人们对外界影响拥有感知，能够对外界刺激做出反应的同时，也往往对需求的满足有着强烈的渴求，比如饿了要吃东西，冷了要穿厚一些，需要拉屎尿尿等，但这一时期幼儿是无法满足自身的这些生理需求的，必须依靠大人们的帮助。当这些需求产生时，随之而来的就是难受和不安，幼儿会通过啼哭或者其他反应来表现，父母则根据其反应来满足他的需求，消除他的不安感。但如果这些需求没有被及时满足，难受和不安持续存在，幼儿的内心就会对外界刺激产生焦虑和恐慌，久而久之，脆弱敏感的特质就会成形。

近年来，在临床心理学和医学的研究下，与儿童相关的一些问题逐渐找到了答案，许多难以理解的儿童行为也有了合理的解释和依据。儿童先天特质以及后天培养对个性发展的影响备受关注，而敏感在儿童群体中并不罕见，甚至已经成为一个新的研究课题，美国伊莱恩·阿伦博士有关儿童行为的研究报告显示，至少有20%的儿童具有高度敏感特质。

在童年或少年时期，生理上的需求已经可以进行自我解决，这时候又会产生精神层面的需求，比如夸奖、赞美、被认可等，也渴望被保护、被关心、被重视，而这些需求如果得不到满足，也会在孩子内心深处留下创伤，从而催发敏感特质的形成。例如，遭遇父母抛弃、常常被父母无视、被同学欺负嘲笑、得不到老师的关注等。

当然，在性格已完全成型的青年或者中年阶段，也有可能形成敏感特质，但这时候一般是处于非常强大的外界影响之下，比如情感受到严重打击、身体方面的重大变化等。

家庭变故、情感变故、教育方式，以上种种都是导致敏感特质产生的根源，再加上越来越快的生活节奏和越来越大的生存压力，人们普遍处于高压状态下，这就会使在敏感边缘徘徊的人变得敏感，本就敏感的人更加严重。

常人对外界诸多刺激的反应往往是在一定的范围之内，而敏感者常常反应过度，敏感本身不过就是一种对刺激的反应，因为在诸如上述因素的持续影响下，敏感者对外界刺激的反应尤为强烈，这其实也可以看作是一种下意识的自我保护，为了不使自己重复受到曾经的伤害，或者还沉浸在以往的创伤中，他们就会对相关的事情保持敏感和警惕。较长时间后，他们的敏感会从特别事件过渡到一般事件，对大多数事情都产生强烈的反应行为。

布里吉特·屈斯特指出，高度敏感者有三个明显的标志：喜欢舒适的环境；受到刺激后会产生过激反应；接受刺激后，需要很长时间才能恢复。

3. 人或多或少都有敏感的时候

通过上述章节我们已经了解到，敏感是一种对外界刺激的反应，敏感特质的形成往往在人们幼年和童年时期，经历、环境方面的因素都可以看作是导致敏感形成的外部成因，而实际上敏感的形成与表露还与人体内部的某种激素的分泌水平有着密切的联系。

这种激素就是皮质醇，敏感者对外表现出的敏感程度，与体内的皮质醇分泌水平遥相呼应。

提起皮质醇很多人可能并不是很熟悉和了解，但说到肾上腺素，相信大多数人都是知道的，我们可以通过两者的对比来了解皮质醇。

肾上腺素是肾上腺髓质分泌的激素，在人经历某些外界刺激时，肾上腺素就会出现，其作用是使人的心跳加快，血压升高，心输出量增加，为身体活动提供更多能量，暂时激发人体力量，针对刺激迅速做出反应。

皮质醇是肾上腺皮质分泌的肾上腺皮质激素，对糖类代谢具有最强作用。皮质醇能够维持压力状态下人体的正常机能，分泌皮质醇能够释放氨基酸、脂肪酸、葡萄糖到血液中充当能量使用。皮质醇是人体内最重要的调控激素之一，素有"压力荷尔蒙"的称号，其在一定限度之内的不同分泌量能够保证机体适应不同等级强度的工作。

两者都是应激激素，作用相近，除了分泌位置不同，还有就是肾上腺素在急性压力下分泌较多起主导作用，这种情况下，皮质醇也会分泌，但作用微乎其微。不过肾上腺素起到的作用是暂时的，失效较快，而皮质醇长效机制则能维持机体在不同强度等级的慢性压力下运转。

在实际生活中，很多行为都会使人们体内的皮质醇水平升高，这就意味着，大多数人都或多或少有敏感的时候。即使他们不是典型的敏感者，但当其某一行为使得体内皮质醇含量过高时，也会对外界的刺激反应异常敏感，当然对于他们而言，这种敏感是短暂的，其相应的行为会随情况改变而消失，皮质醇水平回归正常时，敏感程度也会随之大大减弱。

比如，有的人在某段时间睡眠不好，那么他在这段时间就会对刺激反应很是敏感。

身体很累很困，脑子却还在高速运转，明明很想睡觉却总是翻来覆去睡不着，对声音非常敏感，一点声响都能被吵醒，因为睡不着所以非常烦躁。

　　这是睡眠不好的人一般情况下的状态，从中不难发现，睡得不好的人不管是在睡觉时还是其他时间对外界的刺激反应都比较大，已然具备了敏感的部分特点。

　　考试失利、由于某些原因被解雇、错过了某个绝佳的机会、因为失误酿成严重后果、身体状况不太理想等，这种时候，人们普遍会进入一个自我调节的阶段，情绪比较低落，遇事偏向悲观，容易生气发怒，喜欢一个人发呆，睡眠质量也会受到影响等。如此情况下，人们会对刺激表现出较大的反应，具备了敏感的部分特征。

　　这些情况下，人体内的皮质醇会处于较高水平，因此会在一些事情上表现得十分敏感。而这些情况都是不可避免的，每个人都有可能出现，所以尽管有的人不具备敏感特质，在某些特定的时期也会变得敏感。

　　人们或多或少都会有敏感的时候，敏感并不是敏感者的专属，区别就在于敏感者的敏感是定性后的普遍表现，而一般人的敏感是特殊情况下的短暂反应。不过若身体、精神状态长期无法从这种特殊情况中恢复，也有可能成为典型的敏感者。

4. 敏感是一种性格特质

我们常常听到这样的话，"你太敏感了""你反应太大了吧，这么敏感还怎么玩?"……这些话可能是从与你无关的人口中听来的，也可能是你对身边人说过的，也可能是别人对你的评价，但无论哪种情况，说出这些话的人的语气无一例外地告诉我们"太敏感"就是一个贬义词。

在大多数人看来，敏感的人常常会对子虚乌有的事情追问到底、莫名其妙地不高兴、与大多数人玩不来、把小事无限放大，敏感似乎就是一种毫无预兆的抵触情绪，甚至是一种病。

就连敏感者本身也常常会产生这样的想法，深受敏感困扰的他们似乎也认为敏感是一种病，最起码是一种心理疾病。

上高中的小K是一个非常优秀的女孩，她学习成绩排在年级前几名，写得一手好书法，绘画几乎能达到艺术生的水准，也特别乐于帮助同学，是一个十足的好学生。但美中不足的是，小K有点微胖，可能正是这一点瑕疵，让小K敏感。小K总是非常在意身边同学对自己的看法，尤其是特别不愿意给别人添麻烦，而反过来，当同学们有事需要麻烦小K时，她却总是会发自内心地高兴。

一个下雨天，小K的自行车坏在了上学路上，她急得一筹莫展，几个同学从小K身边跑过，她也不敢向对方求助，最后还是一个男同学刚好看到了小K的窘境，把自己的自行车给了小K，然后扛着小K的自行车去了学校。这一路上，小K是既感激又难受，感激自然是不用说了，难受是因为她觉得给对方添麻烦了。然而男生的一句话又温暖了小K——"平时你那么喜欢帮我们，怎么自己遇到问题连嘴都不敢张，你是不是太敏感了呀？"

在我们的一贯认知中对敏感有着太多的误解，不管是敏感者身边的人还是敏感者本人，都认为敏感不是一件好事。实际上，敏感是人的正常人格中包含的一种特征，与其他人格分类是有区别的。它不能简单地分为敏感和不敏感，而是一个衡量维度，有着一定的变化区间。上文中我们所指出来的特征都是敏感程度较高的人的表现，这类人群被称为敏感人群。确切地说，敏感是存在于每一个人性格中的，只不过每个人的敏感水平不同，程度较高的就会表现出来敏感的各种特征，而敏感程度较低的人就没有或者很少表现出来，因此一般被认定为不敏感者。

客观来讲，敏感不是一件坏事。敏感人群通常非常敏锐，有着较高的洞察力，能够捕捉到常人难以发现的细节，体会到他人的情绪变化，发现异样和潜在的危机，更完整细致地处理各种消极和积极的信息。

从心理学角度来看，敏感者有以下几大特点：

1.情绪洞察力强，富有同情心，但也因此容易受到影响。敏感者会因为一件小事、一句话而产生极强的情绪，为此痛苦万分或者念念不忘。他们对自己的情绪有着强洞察力，能够迅速感受到自己情绪的变化，然后根据变化再给出情绪反馈。

当某个人说了一句在敏感者听来十分有针对性的话时，他的情绪就会针对这句话产生变化，或是伤心或是失落，之后他就会迅速察觉到自己的情绪变化，针对伤心、失落再做出新的情绪反馈。由于外界影响直接产生的情绪，也就是上面提到的伤心或失落被称为原始情绪，而原始情绪之上做出的反馈被称为复合情绪。一般情况下，敏感者的复合情绪就是消极的原始情绪再次加重，通俗来讲，当他察觉到自己伤心、失落时，就会陷入长时间的负面情绪中，这也就是为什么敏感者会对一件事、一句话念念不忘，而外界刺激过度，原始情绪过于强烈和复杂时，他们就会难以承受而被自己的情绪淹没。而不敏感者根本不会把很小的事情或者一句话放在心上，即使当时产生了些许负面情绪，也仅仅是一闪而过。

敏感者不仅对自己的情绪了如指掌，也很容易察觉到身边人的情绪变化。他们通常能够设身处地地体会他人的情绪，站在他人的角度去看待问题，所以敏感者一般富有同情心，是贴心的倾听者。但同时他们也很容易被他人的情绪所影响，将别人的痛苦和悲伤加在自己身上，尤其在人多的时候，情绪就像过山车，甚至根本不确定是受谁影响的。

2.对细微之处感知能力强，并从中接收到大量信息。敏感的人特有的敏感因子会使自己自觉地关注细节，紧抓小事件，感知细微变化，通常给人的感觉就是十分谨慎细心。对于外界的感知能力较强，比常人对潜在危机的预感能力更强，所以往往具有很强的危机管理能力。但同样地，如果外界刺激过于强烈，他们也容易手足无措陷入恐慌，在缺乏强大的心理素质支撑时，很容易对他人的行为过度解读，由此陷入纠结甚至留下难以磨灭的创伤。

3.具有创造力，容易产生灵感，拥有更加丰富的内在世界。根据众多心理学家的研究，对于敏感的人群而言，创造力是一种应对情绪反应的机制。也许因为太敏感，容易对外界的各种影响产生相应的反应，而灵感迸发往往蕴含在产生反应的过程中。他们拥有比常人更丰富的想象力，五彩斑斓的内心世界，也正是如此他们在独处时也不会感到太无聊。音乐家、作家、画家这类需要强想象力、观察力和创造力的职业，敏感的人一般更容易胜任，他们能够在不同的艺术流派创造出更多非凡的作品。

4.关注后果，考虑周全，做事谨慎但也因此犹豫不决、瞻前顾后。在打算做一件事情之前，敏感的人会对自己以及他人的行为有可能产生的后果都预想一遍，尤其是在重大事件上，即使是不太可能发生的结果，他们也会非常关注。这种做事风格好的一面是考虑周全，能够有效避免危机产生；坏的一面是太过谨慎，容易错失良机。

很多成功人士，在各岗各业颇有建树的人，都无一例外是谨慎小心的人，但他们的谨慎小心往往在一定的范围之内，不会影响做决策的最佳时期。

5.喜欢自我反省，促使自己改变，但也容易自我否定。将别人的坏情绪或者事件的不良后果产生的原因归咎到自己身上，比如当身边的人情绪不好时，敏感者就会反思，是不是我刚才说的哪句话得罪人家了；当接触的某一件事办砸时，也会反思是不是自己拖后腿了。曾子曾曰"吾日三省吾身"，适度的自我反省能够及时发现不足，促使进步，但高度敏感者却容易过度反省，由此陷入自我否定。

敏感能够赋予人们诸多的能力，但前提是要学会利用它，敏感是性格特质而不是病症。

5. 内向性格不等于敏感特质

一般情况下，人们眼中的性格类型有两大类，一类是外向，另一类是内向。而内向性格则常常与敏感联系在一起，在大多数人眼中，敏感的人就是内向性格的人。

在人们的一贯印象中，敏感者一般不善于表达，不喜欢交际，更喜欢独处，善于观察和倾听，有什么总憋在心里，很少向他人倾诉。在还没有敏感这个词去形容这个类型的人群时，人们就自然而然把它划分到内向性格里，但是并不是所有内向的人都是敏感的，同样敏感人群也不都是内向的人，很多表面上大大咧咧、爱说爱笑的人其实也拥有敏感特质。

M是一个十分有趣的小姑娘，样貌不算出众但也看着非常顺眼，说话风趣又幽默，平时非常喜欢旅游和社交，在大学的时候就是社团的中心人物。但就是这样一个非常外向的姑娘，内心却极为敏感。

带社团出去玩，M总是害怕有成员玩不好，所以每次都忙前忙后，把每一个环节都做得无比细致。遇到朋友聚会，M也总是那个最为别人着想的人。整个大学四年，寝室聚会了很多次，但一次也没有吃过M最喜欢的浙江菜，每次都是寝室其他人选自己的口味，即便大家问M，M也总是照顾大家的饮食习惯，从没有透露过自己喜欢浙江菜。

像M这样高度敏感的外向者其实并不罕见。根据相关研究，高度敏感型人中有70%属于内向型性格，而剩余30%则属于外向型性格。

一个内向的人，通常会对深奥的涉及精神层面的话题非常感兴趣，而对物质层面的肤浅话题兴致不高。他们对漫无目的的闲聊很容易心累，而对有深度的谈话却能够做到不知疲倦。深度沟通常存在于一对一或者小型的团体交流中，在大型群体中并不常有，所以内向者更喜欢在小范围内进行交际，这一度被曲解为害羞或社交恐惧。实际上，内向者不过是觉得跟一大群人闲聊太浪费精力，并不是因为害羞或者害怕。

实际上，没有一种性格分类能够让我们百分之百符合哪一种类型，同样没有人是百分之百的内向型或者外向型，因为每个人拥有的性格特质种类都是多种多样，且程度各不相同的。如果非要以某一类特质的有无进行划分，那势必忽略了其他特质的存在。将人的性格以不同的类型进行划分，能够让我们意识到人与人之间突出个性的不同，但是并不意味着我们就是怎样的人，每一个个体都不应该把自己固定在某一个类型框架中，为自己的性格设定局限，因为一旦那样去做，你就会无意识地向这种性格类型普遍认为的显著特征发展，而忽略了存在的潜能和改变的可能。

只能说，内向性格和敏感特质的确有很多重合的方面。如果你是一个敏感的人，不妨试着这样想。

不管是敏感还是内向，都是上天的恩赐，无须为此纠结懊恼。

没有人是绝对的某种性格，我们会同时兼具多种不同的特质，且人格类型在人生的前进过程中是不断变化的，只不过在人生的某个阶段，某种特质的作用更加明显。每种特质、每个类型的人格都有缺点，同时也有不可企及的优势。人们将性格、人格按照不同的标准划分为不同的类型，并不是为了让我们关注自己的性格缺陷，只是为了让我们知道每个人都是独一无二的。

你不是因为懒惰，也不是因为害怕，只是单纯地想享受一下内心世界，你没有做错什么。

朋友约着去逛街、参加大型聚会、和陌生的人交流，诸如此类的活动，有的时候我们真的很不想去，但心里又会反复想，会不会伤了朋友的心？会不会扫了大家的兴致？会不会交不到朋友？自己真是太另类了……

实际上，你完全无须为这种事情自责，因为在关注他人的情绪和照顾他人的感受上，你已经做得足够好了。参加什么样的活动、接触什么样的人是每个人的自由，尽管有时候我们不得不那么去做，但同样你也需要享受内心的宁静，而这跟他人的情绪好坏无关。你无须时刻把他人不高兴的责任揽在自己身上，更无须为了讨好别人而强迫自己。

　　敏感的人往往会把小缺点放大，甚至于把某些异于他人的特质也都当作缺点来看待，习惯把很多责任揽在自己身上，喜欢和优秀的人比较，进而用他们的优点来碾压自己的缺点，从而更不喜欢自己。某些时候还会回忆起自己曾经做的事情，不管是做错的还是没有尽力去做的，都能成为自己讨厌自己的理由。实际上，只要转换一个角度去想，你会发现自己原来并不是那么糟糕。很多时候，你眼中那个毫无闪光点的自己，会给别人带去许多美好，也曾是他人羡慕的对象。

　　世界再冷酷，也别忘了有一颗美好的心，当你的心是温暖的时候，所及之处都是鸟语花香。

　　敏感者有时候会因为害怕受伤而把自己裹进坚硬的外壳中，对受到的委屈和伤害默默承受。但是，当你正视受到的伤害，并主动去分析和了解时，就会发现很多事情只是想得太严重。当你敞开心扉跟他人交流时就会发现，交际也是一件快乐的事情，当你去主动帮助别人时就会发现，原来付出越多收获越多。不要总是把自己闷在一扇门后、局限在框架之中，偶尔出来走走，会发现更多的美好，也会更加爱自己。

　　允许犯错，学会宽容，不傲慢、不怨恨。

　　生活在烦琐复杂的社会中，你会遇到各种各样的人，比自己好的、不如自己的，攻击型的、友善型的等。脾气秉性不同，彼此之间不可能没有摩擦和矛盾，你也不可能被所有人认同。宽容和不计较是获得快乐的前提，也只有这样你才会更加爱自己。

　　看到缺点是必要的，但要正视它，试着去改正，而不是一到伤心时候，就拿所谓的缺点来打压和折磨自己。同时，更要学会自我肯定和鼓励。

　　其实，当你试着做一些改变，试着喜欢自己和接受自己时，你会发现身边的人和事越来越美好，而你也更加积极向上，敏感带给你的困扰也变得不再那么突出，反而有了可爱的味道。

第三章

其实，敏感也可以是一种天赋

　　敏感特质是一把"双刃剑"，有弊的一面，自然也有好的一面。敏感特质的优缺点就像是天平的两端，决定它们重量大小的是敏感者自己的内心。很多敏感者正是凭借这些敏感特质所带来的天赋，才创造了一番丰功伟绩。

1. 敏感的人有缜密的细节感知能力

　　判断一个人是否敏感时，除了用前面我们提到的一些特征表现来衡量外，似乎没有什么其他标准。即使是通过敏感指数测验，也不能对一个人是否敏感做出盖棺论定的评述。

　　其实，在日常生活中，大多数人都具有敏感这种特质，只不过在不同人的身上表现得有所不同而已。在大多数人的生活经历中，敏感始终是一个问题，或者说是一种困扰，严重时甚至会影响到正常生活。但实际上，敏感也是一种天赋，在给人带来困扰的同时，也会带给人们一些与众不同的能力。当然，这些能力并不是超能力，它们更多的是一些独特的、抽象的、不容易感知却又极具价值的能力。

　　敏感作为一种天赋，最为主要的表现就是具备这种特质的人常常能够感知到那些被别人忽视的微小事物。他们可以从精美的艺术品、动听的音乐、醉人的花香，以及美丽的景色中感知到生活的美好。同时也能从平淡的沟通、日常的工作、简单的游戏中发现细微之处的重要内容。

大多数敏感者都具有异于常人的细节感知能力，这种能力多来自天生，而非后天训练而成。相比于后天训练的细节感知能力，敏感者天生的细节感知能力更强，也更为内化。很多时候，通过这种感知天赋，他们往往能够完成普通人穷其一生也无法完成的工作。

细节感知能力并不是人类所独有的，但这一能力在人类身上的表现更为明显，人类生活的很多方面都需要依靠感知能力来进行。通常情况下，感知能力强的人，在接触到外界刺激时的反应要比普通人更为剧烈。

这里所说的刺激并不仅仅是物理上的接触或精神上的惊吓，前文提到的艺术家观察记忆景色，其实就是眼睛受到了景物的刺激。理解了这一点，我们才能更好地理解敏感者具有超强细节感知力这一事实。

在人类历史长河之中，很多大哲学家、大艺术家都具有超强的细节感知能力，他们对于生活中美好事物的感知力非常强，同样对那些丑恶事物的感知力也同样强。超强的细节感知能力为他们带来了丰富的情感体验，这种情感体验经过他们艺术化的加工，就转化成为现在我们所看到的名著佳篇、音乐绘画。

与普通人相比，敏感者更善于去发现生活中的微小细节。而大多数普通人却很难将自己的目光聚焦在细节问题上，在看待事物时往往会"一扫而过"，只注重表面内容。

在很多场合，这种天赋都会发挥重要作用。相比于那些大哲学家、大艺术家们应用感知能力来进行创作，大多数敏感者超强的细节感知能力更多表现在日常生活和人际交往之中。

在人际交往中，敏感者更容易感知到别人的情绪，有时候还能够感知到别人行为举止中所想要表达的深意。因此，在别人需要帮助，却又羞于启齿的时候，他们往往能够不用等别人开口，就会给予别人帮助。

而在日常生活中，这种细节感知能力还表现在较强的理解力上。无论是自己在书本上看到的内容，还是其他人所表述的内容，他们都能迅速加以理解。在处理日常工作时，这种理解能力常会使他们获得"事半功倍"的效果。

当然，正如在前面章节中所提到的一样，敏感在一些时候也会为人们带去麻烦。它在为人们带去超强细节感知能力的同时，也让一些敏感者的内心变得极为脆弱。

前面提到美好的事物可以让他们心情愉悦，不断在内心中积累积极情感。而丑恶的事物则会让他们心情沮丧，消极情感就会逐渐在内心堆积。再坚强的内心也无法经受消极情感长年累月的侵蚀渗透，一旦这种消极情感集聚过多，又无法顺利排解的话，敏感者的心理防线就会崩溃，进而就会引发一系列不好的事情。

敏感在赋予人们超强感知能力的同时，也让他们更容易被外界的各种信息所影响。如果不能正确处理好二者之间的关系，就很容易走到精神崩溃、心灵破碎的境地之中。敏感者应该充分意识到这一点，在日常生活中有意识地去疏解负面刺激给心理带来的消极影响，这样便可以将敏感对自己的负面影响降到最低。

2. 敏感的人有非凡的洞察力

"细节决定成败""千里之堤溃于蚁穴""见微知著"，等等，这些无不揭露了细节的重要性。在上一章我们已经提到敏感在给人们带来困扰的同时，也是一种特殊的天赋。不过，很多时候仅仅发现细节并不能起到决定性的作用，尤其是在预测危机、了解事情真相、商业决策等过程中，需要敏锐的洞察力对细节进行分析并据此进行预测，感知曾经和预感未来。

敏感作为一种天赋，也时常与敏锐的洞察能力联系在一起，结合细节感知，发挥出强大的作用。

那么洞察力到底是什么呢？人们对于具象的物体通常能够在脑海中留下具体的影像和记忆，但是对于这种抽象的能力却很难形成自我理解，无法理解也就无法判断自身是否具有这种能力，也不会知道这种能力的具体作用，以及如何进行后续强化。

福尔摩斯系列《血字的研究》提到华生在取得伦敦大学医学博士

后，以军医的身份参加了阿富汗战争。后来在战争中负伤的华生回到伦敦，过起了逍遥自在的生活，但由于花钱大手大脚以致入不敷出，于是产生了与人合租的想法。巧合之下，华生获知福尔摩斯也在找租友的消息，就赶到了福尔摩斯所在的医院，这就是两人的第一次相遇。福尔摩斯仅仅握了一下华生的手，就脱口而出华生是来自阿富汗的随军医生，这令华生万分诧异。

在后续的交往中，两人有一次又聊到了这件事。

"咱们初见面时，我就说你是从阿富汗来的军医，你当时好像很惊讶。"

"我后来反应过来，一定是有人告诉你。"

"没有的事，我看你第一眼就知道你是从阿富汗来的，这是根据长久以来的经验和大脑中的飞速思考快速得出的结论，虽然你无法察觉，但这中间是有一定步骤的。我的推理过程是这样的：这位先生颇具医务工作者的风度，又有着军人气概，显然是一位军医。他的脸色黝黑但是手腕处皮肤黑白分明，所以他是晒黑的，极有可能刚从热带回来。他虽器宇不凡但面容憔悴，说明是久病初愈，历尽艰辛。动起来的时候，左臂略显僵硬，显然是受过伤。一个英国的军医在某个热点地区历尽艰苦，手臂负伤，而这个地方只有阿富汗。这一连串的分析推断仅历时几十秒，所以我可以脱口而出你是从阿富汗来……"

这就是所谓的敏锐的洞察力在具体事件上的详细展现，这其中包括三个主要的步骤，第一对各个细节的观察，第二依据经验以及所具备的知识进行理性分析，第三在分析的基础上适当推断猜测得出结论。

一些研究者、科学家、新闻工作者以及侦查人员都具备敏锐的洞察力，正是如此他们才能在自己的工作领域颇有建树，例如达尔文通过对自然事实的观察和对基础进化论的分析、沃森和克里克通过对DNA衍射图的观察推断得出了双螺旋结构的结论、柴静主持引导的一系列有见地有意义的采访和活动等这些都要依赖于洞察力的作用。

当然，这些名人可能并不全是敏感型人群，但是他们身上所具备的洞察力以及因此而取得的成就向我们展示了洞察力的强大作用。

所谓洞察就是洞悉和观察，分为两层含义：一是在人们普遍知道的事实之上看到其背后的深层意义；二是察觉到常人发现不了的细微之处，并从中获得重要信息。在实际应用的过程中，这两种形式常常结合在一起，即从一般的事实现象中发现容易忽略的重要信息，通过对这些信息进行理性分析，得出结论。

从人们应用洞察力办事的案例来看，不难发现，洞察力要发挥出意想不到的作用，细节观察不容忽视。而细节感知正是敏感型人群普遍具有的能力，这就意味着敏感者在观察方面比常人更具优势。大部分敏感者在他人甚至自己看来常常犹豫不决，不果断，对很多事情尤其在小事方面考虑得太多，过于谨慎，给人一种怯懦、拖拉的印象。但从另一个角度来看，正是由于细节感知能力较强，敏感者能获取比常人更多的信息，且常常会对信息进行分析，所以他们考虑问题更全面、更缜密，往往每个决定都是深思熟虑之后产生的，而对整体情况瞻前顾后的洞察，能够有效避免危机的发生，也能够得出更有价值的结论，这在商业和日常事件上都有所应用。

敏感者的洞察力最明显体现在对他人的情绪心理变化上，大多数敏感者能够感知他人情绪心理的细微变化，部分人还能根据这些变化采取相应的措施，做出对自身以及他人都有利的事情。

相较于常人，敏感者虽然更有具备洞察力的可能，但并不意味着敏感就等同于敏锐的洞察力。洞察强调的是在观察、发现细节的基础之上需要清晰的逻辑分析和大胆的推论，而不仅仅是细节洞察。但是一些敏感者仅仅是拥有细节感知能力而无法冷静理性地分析，或者说一些敏感者有这样的能力却无法合理使用，在这种情况下，人们感受到的只是敏感带来的困扰而非天赋。只有将这种能力用在合适的地方才能充分发挥奇效，像名人一样创造出独一无二的价值。

小敏是一名警察，同时也是一位敏感者。在同事的眼中，小敏有点神经兮兮的，经常对一些小事揪着不放，还会提出各种各样的想法，小敏也不想这样，但是自己也控制不了，因此也很困扰。这一天，小敏和队长例行检查，被堵在了路上，这时候小敏注意到旁边一辆新车，不知是颜色醒目还是其他原因，小敏的目光被吸引了过去，只见车内坐的司机一边不耐烦地在车上打着节拍，一边深吸了口香烟，然后把烟灰直接弹在了车内。

小敏注意到了这个细节，觉得十分奇怪，一辆新买的车，车主怎么会舍得直接将烟灰弹进车内，即使是借的朋友的车也不能如此随便吧。这样想着，小敏突然想起几个月前的一起新车失窃案，小敏所在的地区十分安定，基本上没有什么大事，所以这件事她仍旧记着。想到这，小敏将自己的想法告知队长，两人不动声色地锁定了那辆车，最终抓获了一群盗车惯犯。

自此，小敏的同事对她刮目相看。

洞察力只有用在合适的领域才能体现它的价值，而很多敏感者却不知道如何利用或者找不到自己擅长的领域，也有的仅仅是停留在观察阶段，缺乏符合逻辑的分析。

每个人都渴望拥有洞察力，因为它可以使我们的想法和生活更精彩，获得新的思路，变得豁然开朗，使我们看到事物的本质。洞察力可以使人们从一滴水看到一个世界，像牛顿一样从坠落的苹果中发现万有引力；在与他人掌握相同的基础信息之上做让老板更青睐的方案，拿到客户订单；更理性、全面地进行决策，减少失误的概率，预感危机。

敏感在赋予人们洞察力的同时，也会使他们变得异常谨慎小心，超过限度之后就表现为犹豫不决、缩头缩脑。当然拥有洞察力并不意味着就拥有敏感特质，但多数敏感者较常人来说更容易拥有这种能力，有的是天生存在，而有的则需要引导。

3. 敏感的人有丰富的想象力和创造力

　　想象力大家都不陌生，但这种能力也并不是人人都拥有，或者说有很大的强弱之差。有些人可能对想象力的理解尚不透彻，习惯于将其与胡思乱想混为一谈，这完全是两码事，虽然想象也有乱想的成分，但本质上是不同的。一般来说，敏感者更容易具备较强的想象力，我们可以先从想象力的认识说起。

　　想象力在人们的认知过程中扮演着十分重要的角色，常被称作"认识的翅膀"，主要体现在能够将单调冗长的文字具象化，比如听到长颈鹿，脑海里会出现长颈鹿奔跑、觅食等诸多画面，这也表明，想象不是凭空产生的而要建立在一定的知识面之上。优秀的小说家尤其是猎奇、冒险题材类型的创作者，必备要素之一就是天马行空的想象力，而他们也往往涉猎极广，具有丰富的知识储备。想象力是比普通认知能力更高层次的存在。想象力的产生可以理解为当大脑接触到一些信息时，会对原有表象进行加工改造形成新的形象，这种新形象可以是原有形象之上的升级，也可以是从未有过的创造型形象。

总的来说，想象力有两种形式，一种是综合型想象力，意指人们通过想象力可以将旧的东西进行组合，虽然这一过程中没有新事物的产生，但却让旧事物有了新的面貌；另一种是创造型想象力，即人们可以从旧事物、旧观点出发产生完全不同的新观念、新事物，脱离原有事物的框架。

想象力表现在人们学习活动甚至日常生活的方方面面，尤其在掌握新技术、发明创造、艺术创作等方面有着不可忽视的作用。根据多位现代心理学家的论述，多种创造性思维中，发散思维起着最为关键的作用，而想象力就是知识储备与发散思维的结合使用。

发散思维又称为放射思维、辐射思维、求异思维。顾名思义，在使用发散思维解决问题的过程中，思维会沿着不同的方向进行扩展分散至相关方面，常表现为一题多解、举一反三，而不是唯一确定的结果。运用这种思维方式解决问题，更容易产生有创见的想法和观念，更容易创造出新的事物。

在人脑的活动中，想象是创新的源泉，如果说依据想象产生的创新想法只是一个点、一条小溪，那么，联想就是将这些点连在一起，让小溪汇成江河，而发散思维则是提供了广阔的通道供这些源泉流淌，最终碰撞出真正有价值的东西。

我们知道敏感者的特征之一就是细节感知，通过细节感知能获得更多常人无法获知的信息，而这些信息可以成为创造的重要素材。在想象力方面，与常人相比，敏感者更胜一筹，比如敏感者给自己亲近的人打电话，但对方未接时，他的脑海里就会从主观方面联系种种蛛丝马迹，进而浮现各种猜测对方因为什么事情没有接电话的画面；除此之外，敏感者还能够将看似联系不大的事件联系在一起，比如前文提到的黛玉因为袭人的一句话，马上联想到宝玉可能将自己赠予的荷包送人。这可能会让人觉得"多疑"，但在特定的事情上面可能会扭转局面，柳暗花明又一村。创造性的想象力能够使人有限的心灵迸发出无限的大智，是一种灵感和预感的接收能力。

总的来说，敏感者更容易发现新的事物，且能够根据原有信息进行充分想象和联想，丰富材料信息，为灵感的产生创造条件，促进创新源泉的汇流，最终诱发巨大的创造力。

那些伟大的商业家、财务学者、工业领袖、科学实验研究人员、音乐家、诗人、表演家、艺术家和作家，之所以能够取得辉煌的成就，创造出诸多足以颠覆传统的作品或者得出的伟大结论，在很大程度上得益于对创造型想象力的运用。当然，综合型想象力同样重要，它是发明家的有力武器，很多看似是新事物的发明实际上与原有事物联系密切。很多时候，他们对这两种类型的创新能力都是混合使用的，如果能够灵活运用，产生的效果将会更加明显。

尽管并不是所有的诗人、文学家、科学家、画家、音乐家等都是敏感型人，但是从事这一行业的大多数人身上都或多或少具有敏感特质，只是程度有所不同，且部分人身上也具备高度敏感者的特征。

敏感者在很多事情上包括生活琐事会有比常人更深刻的体验，这种感觉也是他们灵感的来源之一。

在科学研究领域，诸多伟大的科学家身上也有敏感特质，喜欢独处和深思。

美国著名遗传学家芭芭拉·麦克林托克在其青年时期就十分出色，在不满25周岁时就获得了植物学博士学位，于1945年担任美国遗传学会主席。

之后，取得不小成就的她将研究方向转向了主流科学之外的转座因子研究，被多数人不理解和不认同，好在麦克林托克具有坚定的决心，在植物遗传学方面极富敏感性。

早年的生活经历使得麦克林托克养成了喜欢独处、自由和深思的性格，她放弃前半生的辉煌，悄然隐退，开始默默研究转座。在从事玉米遗传学研究的过程中，她将自己在这方面的敏感特质运用到了极致，独特的观察能力、洞察力以及严谨的逻辑分析和适当的想象都为她的工作助力不少。

1949年，麦克林托克与其他生物学家一道催发了生物学思想界的革命，使得分子生物学由此诞生，最终她的研究获得了诺贝尔奖，这位伟大的科学家终于获得了她应有的荣誉。

其实，不管是生物方面的研究还是物理、化学方面甚至是数学方面的实验，都离不开独特的观察力，有时候一个小小的误差就会对整个研究结果造成无法挽回的影响。换个角度讲，对细节深刻的感知和观察也是驱动正确的研究成果诞生的重要因素之一，科研实验成果、结论的诞生也不失为"一种伟大的创造"，而敏感特质为这样创造的诞生提供了更多的可能性。

某些时候，创造力也许并不会表现得那么具体，可能只是一个想法、一个点子、一个创意——比如商业创意，却往往创造出来巨大的收益。

敏感者普遍拥有天马行空般的想象力，内心都埋有一颗"富有创造气息"的种子，也许有的人终其一生都不能使其开出艳丽的花，但它自始至终是存在的。不要只盯着敏感的坏处，这样只会让心情更郁闷，事情更糟糕，试着给情绪找个发泄的出路，为敏感找到发挥作用的领域，不管是真的创作还是简单的随笔，不管是正式的职业还是仅仅一个简单的爱好，学会分散注意力，不要只关注不好的方面和生活琐事。

4. 敏感的人有高度的情绪自觉

梵高说过，"每个人心中都有一团火，路过的人却只能看到烟。"

演员利奥·罗斯顿有一句名言，从某种程度而言，我们每个人都有那么一点点不易察觉的疯狂。

的确，每个人都会有自己的小情绪，失望、愤恨、烦躁、恐惧、忧郁等这些负面情绪，同乐观、积极、兴奋、自信等积极情绪一样，存在于每个人的身上。人无一例外会受到负面情绪困扰，到达一定的程度后，更浓烈的"烟"就会冒出来，从而做出不合时宜的举动、失态的行为。

好的或者不好的情绪积累到一定程度都势必会爆发出来，所以我们高兴到极致会欢呼、会喜极而泣，非常伤心时会号啕大哭，极度愤怒时会摔东西、会大吼大叫等。有时候，我们可能会在公开场合、不适宜的时机来宣泄自己的情绪，这势必会对他人和自己造成非常不好的影响，所以学会控制情绪就显得异常重要。但是这又谈何容易，情绪具有强大的附着性和传染力，坏情绪尤为突出，不可控性更强。因此情绪管理中最重要的就是对坏情绪的管理，控制和摆脱负面情绪，保持积极情绪，并将这些积极的情绪用在自己的人际交往中。

拿破仑曾说能控制好自己情绪的人，比能拿下一座城池的将军更伟大；诗人约翰·弥尔顿也曾表示，一个人如果能够控制自己的激情、烦恼和恐惧，那他就胜过国王。

很多人常常会对自己的亲人、朋友大发脾气，不满意时对下属破口大骂，面对上司的批评甩手不干，甚至于在陌生人面前失态，事后又悔恨不已。

坏情绪不分时间不分地点地发泄，在给他人带来负面影响的同时，也会破坏自身的人际关系和利益，实在得不偿失。但情绪又很难控制，这让不少人苦恼不已。

不过在敏感者身上，情绪管理相较于常人会更容易。为什么这么说呢？这就涉及一个新名词——情绪自觉，敏感者往往拥有高度的情绪自觉。

何为情绪自觉？通俗来讲，就是能够在情绪爆发、发脾气时还有意识思考自己的情绪对自己和他人将会造成什么样影响的一种自觉力。

敏感者的这种自觉力正是源自对外界刺激的强大感知，对他人看法的过度在意，对他人情绪的极度关注。我们常说敏感者往往在某些方面充满自卑感，常常觉得低人一等，而有时候为了使自己显得更合群，他们尽管很累也会主动社交，甚至形成讨好型人格，时刻关注他人的情绪变化，在意自己的行为对他人造成的影响，也正是如此，他们有着高度的情绪自觉。当然两者并不是绝对的因果关系，但的确存在着某种联系，非讨好型人格、非自卑的敏感者也会有这种自觉力，但程度会相对较弱。

任何性格特征都有两面性，且其积极的一面在合适的领域能够发挥出不小的作用。

具体来说，情绪自觉分为两个层级，低层级指仅仅能意识到在不合适的时间、地点情绪失控的坏影响，却没有很好的控制能力；高层级指不仅能意识到，还能够压制住情绪的爆发，在合适的时间、地点再发泄出来或者转化为温和又巧妙的方式进行宣泄，比如在被人讽刺时，可以借助语言的双关、谐音或者讽刺意味的典故代替破口大骂、大打出手进行反击；同样，在与朋友、家人相处时，遇到摩擦的情况，可以控制好自己的情绪，心平气和地商量沟通；当下属犯错误且比较严重时，能够采取温和而不失严厉的方式对其进行教导，也能够在一定程度上激励其努力工作，而不是一味指责打压其积极性；与上级领导产生分歧或者领导对你的批评过重时，能够不当场爆发，先接受再提出自己的反对意见。这种情绪自觉会使得敏感者与家人、朋友相处得非常融洽，给陌生人留下极好的印象，同时在职场上更受欢迎，给人一种有内涵、儒雅大方、心胸宽广的感觉。

高层级的情绪自觉其实就可以看作是情绪管理，低层级的情绪自觉虽然并不能很好地控制情绪，但如果能在发脾气时有意识地控制，最终也能向高层级转化，毕竟很多人在情绪上头时脑子里基本是一片空白，气血涌上，根本没有意识去分辨好坏。

情绪管理又常与高情商联系在一起，一般认为高情商的表现之一就是能够控制好自己的情绪。现实生活中，人们评判人才的标准往往以智商为主，认为智商高就能有所成就，是有能力的人。但结合诸多成功人士的实例和相关研究来看，这显然是不全面的。现代研究表明一个人成功的因素不仅仅在于智商，情商更是占据了重要部分。美国著名心理学家丹尼尔给出了两个数据，一个人的成功，智商的作用占20%，而情商则占据80%，成功所需要的很多东西是凭借情商获取的。

那情商高与情商低是如何区分的呢？情商与情绪的联系又是怎样的呢？

情商通常是指情绪商数，其英文为Emotional Quotient，表示一个人在情绪、意志力、耐受挫折等方面的品质，而这些品质类型中，情绪品质是最难控制的一项。当然，其他品质类型同样重要，只不过它们更像是一种长期的产物，并不会快速露于表面，对他人产生影响，而这些品质最终形成的乐观、积极、勇敢、坚强等性格特点也都可以归结于情绪的范畴。

至于情绪品质说白了就是能够快速觉察到自己的情绪，并判断情绪的好坏和发作时对他人的影响，从而对其实施管理。在以往的认知中，高情商与社交能力联系紧密，两者甚至一度被认为是等同的。的确，一个人的情商高低往往表现在如何与人打交道，如何说话，如何沟通，如何回应他人上。

高情商不仅仅限于社交能力这一点，更多的是指一个人调节和控制自己情绪的能力。

情商可以简单地表示为对乐观、易怒、郁闷、恐慌、积极等情绪的管理和反应程度，一个高情商的人必定是一个能够很好地控制自己情绪的人。使用科学的方法、人性的态度以及技巧来管理情绪，并且善于利用管理情绪后的正面影响和价值帮助自己获得最大的好处。

敏感者虽然不一定是拥有高情商的人，但高度的情绪自觉却使得他们比常人更容易向这一层面靠近。

5. 敏感的人有较高的艺术造诣

我们常说，艺术源于生活。然而，只有生活是当不了艺术家的。

俄国唯物主义哲学家、文学评论家、作家尼古拉·加夫里诺维奇·车尔尼雪夫斯基写道：艺术源于生活，又高于生活。

关于这个"高"字如何理解，很多人解读为"高尚、高深"，认为艺术远比生活更美更好。

但雕塑家罗丹又说了，生活中从不缺少美，而是缺少发现美的眼睛。

结合这两句，其实可以得出一个新的理解，艺术源于生活中难以发现的美好，而这个"高"，就是能够发现普通人发现不了的一些事物的一种能力。

而这种能力归根结底还是源于敏感，可以说，对于艺术而言，比生活更重要的是敏感。

人们在经历一些事情、观看一些美景时，都会或多或少地有着一些自己的感受，比如"太悲惨了""太美好了"，然而这些感受都相对笼统和普遍；还有一些人感知能力极度弱化，说白了就是感觉迟钝，对很多事件、事物无动于衷，没有什么感觉。而敏感者的感受是强烈而又细腻的，对于同一片景色，不同的敏感者看到都会有不同的感受，他们会调动曾经的经历或者深层的思索与之联系在一起，而非表面上的感叹。

感受是自然积累和潜移默化的过程，对艺术创作有着无形但深刻的影响，当感受基于较高的敏感性之上，艺术的因子就会被激发。

就像俄罗斯画家瓦西里·康定斯基说的那样，绘画有两种，一种为物质的，一种为精神的。

艺术家里尔夫也说，在油画的后面，跳动着画家的脉搏，在塑像之中，呼吸着雕刻家的灵魂。

仅仅是物质的绘画只能称之为没有情感的写实，而精神层面的绘画就是将对事物、经历的感受以绘画的形式呈现出来，向人们传达精神层面的东西。所以，有的时候我们很难看懂某些绘画作品，大概就是因为无法领悟其中的内涵。同样地，真正的雕刻家也不是完全地参照一个人、一种事物去雕刻一件作品，而是在经历、印象的基础之上，注入更多深层次的东西，也就是自己高度的理解和感悟，就像断臂的维纳斯。这样的作品才能被称为艺术品，创作出这样作品的人才能被称为艺术家。

可以说，一切的事物在艺术家眼中既是它本来的样子，又超脱了世俗的定义。

　　基于感受、感觉之上的是体验。艺术的体验通常分为三种：一是对自身感受的理解；二是对真实存在的人物感受的换位思考；三是对虚构人物或者已经不存在的人物感受的想象型体验。艺术家最常用的是第三种。例如，诗人站在故地，总能从他自己的角度写出古人的感受；小说家总能把虚构出来的事物、人物描写得真实而感性。福楼拜在长篇小说《包法利夫人》中写到主人公服毒自杀时，自己口中似乎满是毒药的味道；冒险类小说中，作者总能借主角之口，描绘出各种各样的奇观，仿佛亲身经历过一样。如此不难看出，第三种体验又与想象联系在了一起，而想象力丰富亦是敏感特质重要的组成部分之一。

　　除此之外，观察能力也不容忽视。如果说感受是将一切外在的现象化为内在的灵感，体验可以将虚无的灵感再次具象化表达，那么观察就是为这些灵感提供更丰富的素材渠道，是目的性较强的艺术感知。

　　这种观察能力也可以说是细节感知能力，是敏感特质的主要特征之一。只有用心去观察自然和社会生活的每一个细小的特征，创作的素材才会更丰富，艺术的感受才会更深刻。

　　尽管艺术家有太多的优秀之处是我们无法企及的，但不得不说，敏感特质使得他们天生具有强大的艺术天赋。当然，并不是所有的艺术家都是高程度的敏感者，但他们必定在某些方面是敏感的。同样地，并不是所有的敏感者都能成为艺术家，毕竟除了敏感特质带来的能力外，还需要有学识、坚持、耐力、意志力等各方面因素的影响。

但不可否认的是，敏感者确确实实拥有强大的艺术天赋，即使他是一个普通人，也比常人更容易发现生活的美好，有着更细腻的情感感悟和身临其境的体验能力。

6. 敏感的人有与生俱来的同理心

现代社会、家庭甚至学校都在推崇外向型性格，强调社交、人际交往的重要性，人们常常说如今这个时代想要成就一番事业就必须进行广泛社交，朋友多了路好走。想要卓尔不凡就要常常与人打交道，具备较强的社交能力、沟通能力。

而这些与社交相关的能力常常与外向性格联系在一起，似乎只有外向的人才具备这样那样的社交能力，而内向者却常常避免诸多交际场合，往往与世界格格不入。

在多数人眼里，敏感的人喜欢独来独往，在人多的地方会不舒服，不喜欢跟别人说话，不喜欢倾诉，有什么都憋在心里，因此也没有什么朋友。

当然，敏感者中也有部分外向性格的人，但是很多人又会觉得，即使外向性格，有了敏感这层外衣，外向性格的诸多优势也将发挥不出来，在社交方面同样如此。

这样的说法有着一定的根据，因为敏感特质的确存在一些局限之处。但这局限之处其实只是敏感特质中很小且不重要的一部分，只是固有的偏见让人们习惯以偏概全，把这些局限当作敏感的主要特征，而对其具有的天赋视而不见或者根本不会将二者联系在一起。如果只看到这一面，那么这种特质也就会顺遂你的想法成为人生的枷锁，因为你自己都不觉得它会是天赋，也就没有向好的方面发展的念头。

敏感者常常为自己贴上这样的标签：我太孤僻了，我太玻璃心了，我太不会跟陌生人打交道了，我总会让别人觉得麻烦、不好相处，我根本不适合也不可能擅长社交。

这是敏感者对自己的认识，是非常片面的。表面上看似孤僻冷淡、不擅长沟通、不习惯人多场合的敏感型人群其实在社交方面也有一种独一无二的天赋。

在发展心理学领域，心理学家杰罗姆·凯根通过对婴儿的研究发现，一些婴儿在接触外界事物时表现得很大胆，充满好奇心。

在后续的研究中，凯根还对这类婴儿进行了不同年龄阶段的追踪测试，发现他们在长大之后仍具备不同程度的敏感和焦虑。且这类孩子在长大后并不像大家普遍认为的那样独来独往、个性孤僻，反而更善于社交，学习能力也更强。

当然，也有一些人的敏感特征并未较早地表现出来，而是在经过一些影响之后逐渐显现。而他们的敏感特质被激发后往往会展现出不同于以往的行为，有的在创造方面异常突出，如作家、音乐家等；有的会在观察方面独当一面，例如刑侦员、微表情专家等；也有的会在沟通方面卓尔不群，例如谈判家、猎头。

这似乎与人们普遍的认知相左，敏感的人怎么可能在社交、沟通上具有优势呢？他们不是最不擅长这些吗？

敏感特质有一些劣势，但同时具有更多天赋，这些都是它的组成部分，但并不是固有的，也就是说同为敏感者，各个特征表现出的程度和对某种特征的利用能力也是有所差异的，所以擅长的领域也有所不同，而那些在社交沟通方面表现突出者最主要的原因是他们有较强的同理心，也能够很好地利用这一特征，使其成为自己在社交方面的天赋。

关于同理心，用另一个词来表示就是"共情"，它是人本主义创始人罗杰斯所阐述的概念，又可以称为神入、同感、投情、"设身处地的理解"等，即能够深入他人的主观世界，设身处地地对他人的情绪和情感的认知性察觉、把握和理解，这是一种独特的能力，常被表述为心理换位、将心比心。

低层次的共情就是察言观色，高层次的共情就是换位思考、感同身受，而同理心常常被看作是高层次的共情，不仅能够感知对方的感受，还能理解其感受，对其处境有恰当的回应。大多数敏感者都具有同理心，善于感知他人的情绪，捕捉情绪的细微变化，乐于倾听并能够给予积极的适当的回应。

我们知道社交有两种类型，一是功利性社交，二是共情社交。顾名思义，功利性社交指为了达到某一利益目的，从别人身上获得好处而产生的行为；共情社交指为了排解孤独，寻找情感上的共鸣，获得情感体验，或者是由于兴趣爱好相似而产生的行为。功利性社交以谋利为核心，而共情社交则强调志同道合，灵魂碰撞，后者与敏感者在交际方面的偏好不谋而合，所以具有同理心的敏感者其实对共情社交是非常擅长的，不过因为其范围比较小，常限于两人或几人，所以并没有引起人们太大的改观，还是认为敏感者不善交际。

当然，也会有人问那为什么有很多敏感者就是不善交际呢？原因之一，可能他们的共情能力稍弱，表现不是那么突出；原因之二，可能他们不会控制这种能力，不知道怎么使其为自己服务；原因之三，虽然同理心在交际中很关键，但也不能忽视其他因素的作用；原因之四，一些敏感者在较小的交际圈内彰显了交际天赋，只是没有被关注而已。

不管敏感者是否能在职场社交或者谈判社交等领域大放异彩，他们都是很好的聆听者。尽管他们不会有太多的朋友，但却更容易交到知心朋友。

同理心使得敏感者极易受到他人情绪的影响，会因为他人的无心之言而受伤，但也使得他们拥有特殊的天赋，只要注意利用就能产生惊人的效果。

第四章

敏感天赋让你在职场乘风破浪

职场是社会的缩影，更需要懂得社会规则的人加入其中。更能察觉别人的心思，更能了解别人的需求，更能体会到环境和气氛的变化，这是敏感者的社会天赋，这些天赋能够帮助他们在职场上更加游刃有余，应对一切来自职场的"明枪暗箭"。

1. 把控细节，懂得如何做好本职工作

西方流传着一句名言：上帝只给了我们一张嘴巴，却给了两只耳朵，就是为了提醒我们要少说多听。

人们常说，现代社会最不缺的就是能说会道、乱吹牛皮的人，很多人都是语言上的巨人，行动上的矮子。其实不仅在行动上，有不少人在"倾听"上也是小矮人。

有人可能会问，"听话"有什么难的，别人说你听就行了，还需要做什么上刀山下火海的事情吗？非常直接的话大部分人都能听懂，难的是那些没有明明白白说出来的话，需要自己通过感知、揣测去理解说话人的真实意图。

阿拉伯诗人、画家纪·哈·纪伯伦曾经说过："如果想要真正地了解一个人的意图，不要去听他说出来的话，而是应该去听他没有说出来的话。"

一些人常常不把意思明确地表达出来，而是将其隐含在表情、动

作中，或者用"暗语"进行铺垫，当然一般是在特定环境和限制条件之下。比如古代臣子向帝王进谏，诸如邹忌、魏徵这类聪明的大臣，一般不会直言直语，一来是顾及帝王颜面，二来是使得建议更容易被采纳，同时也使得生命安全有所保障；再有行军、打仗时的暗号，或者有外人在场时打的哑谜，这些都可以看作是"暗语"。

事实上，正如我们上面提到的这样，使用"暗语"通常是在特殊的情况下，尽管"不把意思明确表示出来"这种说话方式在很多时候可以避免尴尬，让自己所希望的人领会含义，达到自己的目的，但总是这样让别人猜来猜去，也不合乎情理。所以，通常"暗语"都是在特定情况下使用。不过也有例外。

上司或领导在跟员工说话时，往往不会直截了当，总喜欢绕点弯子，可能是想考验你的能力，也可能是由于场合受限，也可能仅仅是习惯。因此，读懂说话者的真实意图是每个身处职场的人的必修课，也是一种让自己的工作变得更顺畅的方式。

人们常说，说话是一门艺术。其实倾听也是一门艺术，甚至是颇具技术性的艺术。倾听看似简单，其实并不容易，尤其是对弦外之音的倾听。

不过对于敏感者而言，利用敏感天赋去倾听，就会使事情简单很多。

上司在很多时候不会把话明明白白地讲出来，不会将自己内心的真实感受如实告知，而是会将其隐含在言谈、举止、表情、眼色中。

说白了，真实的信息是隐藏在细节中的。这就要求下属必须善于观察，多注意细节，才能够站在上司的角度去看待问题。

通过前一章节的论述，我们已经知道，强大的细节感知能力、洞察能力、同理心（心理换位）就是敏感特质的组成部分，也就是敏感者的天赋。

那么在具体应用中是如何体现的呢？

阿林、阿庆、阿山同时来到某通信公司面试，面试官出了一个看起来非常简单的题，去楼下买一杯咖啡，时间用得少更有利。说完之后还露出一个令人难以捉摸的微笑。阿山一听，"嗖"一下就跑了出去，阿庆则是观察了一下面试官的周围才跑了出去。阿林看到面试官的微笑，觉得事情没那么简单，他仔细看了看面试官面前的桌子，才飞速跑了出去。几分钟后，三人陆续回来了，当然阿山最先，但是最后出去的阿林也没差太多。最后，只有阿山没有被录用。

这是为什么呢？

原来面试官面前的桌子上本就摆着一杯咖啡，阿山根本没有注意到，阿庆仅仅是大致看了一下，注意到了咖啡的名字，只有阿林看到了全面的信息，包括名字、糖分、冷热等。

当然，那个杯子肯定是面试官故意摆在那里的，"时间用得短更有利"不过是一个幌子。这就反映出，企业真正需要的是，能够快速领会意图，灵活高效地解决问题，既做得快又能达到要求的员工。

上述例子中，主要的隐含信息并非全藏在面试官的言语中，而是在周边不起眼的事物里，这样的招数在面试时比较常见。在这一方面，敏感者就可以借助自己的敏感及观察能力，从对方的细微表情中察觉出异常，从而获得想要的信息，摸索出对方的真实意图。当然也可以换位思考，站在企业的角度，去理解员工应该具备怎样的素质才能受到青睐。

此外，我们对上司的了解，主要是从平常工作的细节中，通过观察其行为举止、习惯爱好以及表达的方式和语言逻辑而获得的。

不过，在解读上司弦外之音时，还要注意"度"的问题，否则就会"聪明反被聪明误"。

自认为深受器重，能够准确理解上司未说出来的话，就得意忘形、擅作主张，这样更容易招致反感。古代例子中较为贴切的就是杨修与曹操的故事，杨修自认为能够洞察曹操的意图，觉得自己很了不起，还将曹操的意图告知夏侯惇，最终曹操忍无可忍将其杀了。

在职场中，也有类似的情况。

小李是普通高校的毕业生，历经千辛万苦终于进了某知名企业。虽然小李的工作能力不是很出众，但他很受上司器重，原因就是，他能够及时读懂上司的心思。可是有一次，上司带他出去谈事情，对方是个日本人，因为小李在大学时曾学过日语，自然就成了翻译人员。他自认为了解上司的心思，在翻译的过程中添油加醋，恶意更改某些细节条例，最终导致公司丢失了这一单生意，他自己也因此被辞退，且以后不再录用。

　　小李的这种行为，无疑是对自己"独特能力"的滥用。这对敏感者来说也是一个很好的警示。一方面，在敏感天赋的作用下，敏感者的这种能力比常人要强，但也很容易使用过度；另一方面，敏感者的情绪易受影响，有可能在关键时刻出岔子。

　　对细节的强大感知能力能够使他们获得更多有用的信息，天生的同理心能够使他们较为容易地进入上司的内心世界，设身处地地从对方的角度考虑问题，所以在倾听上司的弦外之音上，敏感者比常人更具优势。

　　如果你也是敏感的人，不妨试一下将天赋用在职场中。

2. 知人善任，及时了解下属的心思与困境

如果你是一个或大或小的领导，必定会带领一些人组成自己的小团队开展工作，而这些人就是你的下属，他们的工作能力、工作效率直接决定了这个团队的综合成绩。

上面一节我们说到，上司总是"打哑谜"，话不说明白，老是让员工猜，可以说这是对员工的一种考验。

而下属对上司其实也会遮遮掩掩，他们在和上司沟通时总是或多或少地存在顾虑，这使得他们不会将自己的真实想法、真实需求明明白白地讲出来。当需求和顾虑并存时，也会使下属在某些方面显露出些许信息。上司只有抓住这些信息，才有可能了解下属的真实想法，而这对于上司也不失为一种考验。

很多时候，下属的真实想法和需求对他们自身的工作效率有着决定性的影响。比如一个员工对一件事存在异议，他自己不敢提出来，于是口是心非地说没问题，而你又没有察觉到他的异常，没有了解到

他的内心所想，那么他可能一直惦记着这件事情，工作心不在焉，导致工作效率降低。如果这样的情况只发生在一个人身上且只发生一次，倒也没什么，但如果发生在更多人身上、发生多次呢？在这种情况下，整个团队的状态不言而喻。

所以，及时了解下属的心思很重要。

及时了解下属的心思和倾听上司的弦外之音看似无关联，实际上，其本质是相同的，表达的意思都是，不要看对方说了什么，而要弄清他没表达出来的东西。

相比于上司常用的"言外之意""弦外之音"，下属则更喜欢"欲言又止""口是心非"。但不管是哪种情况，都是要从观察和感受入手。而对于敏感者来说，他们可以调动敏锐的触角，感受常人无法轻易获取的信息，通过对这些信息的分析而了解下属的心思，并且以含蓄的艺术化的表达让下属不至于感到尴尬，或者对自己敞开心扉。

事实上，敏感的人还有一种天然的能力，这种能力使得他们能够自然地接近想要了解的那个人，并使得对方不那么抗拒和排斥，反而觉得放松和亲近。这一点也使得敏感者在与人交流时颇具优势，当然包括在与下属的沟通上。

那么在实际应用中，该如何利用敏感特性及时了解下属的心中所想呢？

某个周一，天公不作美下起了雨，雨虽不大，但对人们出行产生了不小的影响。

这一天，有重要客户来参观，所以公司里的气氛很是紧张。某部门经理老张走进自己团队的工作区，发现有一个空位，顿时发了火，打算下楼截住这个迟到的人。

几分钟后，小李急匆匆地进了大门，眼神疲惫、神情紧张。老张压着怒火问了句怎么迟到了，小李战战兢兢地说有点事耽误了。老张一听这人们惯用的借口，本想大发雷霆，但他从小李刚进来就一直在观察，发现小李的样子的确是有重要的事情耽误了，于是他说，赶紧上去吧，客户还没来。

员工迟到在职场中是很常见的事情，当然各企业也都有相应的惩罚标准。上述案例中，由于时间较为特殊，小李的迟到可能会为整个小团队带来很大的负面影响。可以说，老张生气无可厚非，但他为什么没有立刻惩罚小李呢？

小李进门时是急匆匆的，身上透露着疲惫的感觉，说明他是真的有事情耽误了才迟到的，也许是送孩子上学，也许是在路上出了点事故，总之是被一件比较重要的事情耽误了。他神色紧张，说明他本身也清楚这天迟到的后果有多严重，也正好说明他不是故意的。

实际上，心细敏锐的老张正是注意到了这些细节，所以能够在一定程度上理解小李，读懂他心中所想。站在小李的角度上看这个问题，虽然因重要的事情耽误了时间，但是他带着愧疚之心很匆忙地赶到公司，如果老张不分青红皂白就把他骂一顿，那么他的心情只会更加沮丧，甚至会影响一天的工作。另一方面，客户即将到来，眼下最重要的是调动员工的工作热情，而不是因为一个人造成不和谐的氛围。

　　小李感激地看了一眼老张，回到了自己的座位上。此刻的他，对老张的好感倍增，顿时充满了工作的热情。下午，客户走后，老张过来"巡视"，却发现小李没精打采的，工作也心不在焉。他让小李来办公室一趟，小李已经做好了被劈头盖脸骂一顿的准备。谁知一进去，老张却问道："是不是出什么事情了，我能帮你什么吗？"领导这么一说，小李更不好意思了，对领导说了实话："张哥，其实没出啥大事，早上我孩子发高烧，我忙着去医院，所以迟到了。谢谢您的理解，刚才接了个电话，说孩子还没好转，有点担心，又不好意思跟您请假，所以工作的时候心不在焉的。"

　　"哦，是这样啊，那你赶紧去医院看孩子吧，准你半天假，但是有错也得罚，钱得扣。然后把你手上的案子做得漂亮些，可以吧？"老张说道。

　　小李心里一激动，差点哭了，于是诚恳地说了句："谢谢领导，我一定把工作做好，不负您的重托。"

　　面对小李的第二次错误，老张为什么会这么处理呢？首先是因为早上的事情，小李对老张依然心存感激，客户参观期间小李劲头十足、状态非常好，结果没多久就变成了另一副模样。老张显然是注意到了这一点，且确定小李这样是有原因的，于是把他叫到办公室，不予以批评，只说关怀的话，让小李主动把事情讲出来。小李说完后，如何惩罚他又是问题。一方面，小李的确是有重要的事情才迟到的，罚重了显得不近人情，且会打击小李的工作积极性；罚轻了又显得不公平，制度仿佛是摆设。所以权衡之下，老张选择以一贯的惩罚标准，但多了份领导的"嘱托"。这样一来，小李不仅不怪老张不近人情，还下定决心努力完成他交给自己的任务。

老张能够注意到小李的情绪状态变化，且能敏锐地感知到小李出现的问题，从沟通入手，让他说出心里话，以较为恰当的处理方式使小李感受到关怀和温暖，同时还能让他心平气和地接受惩罚，对上司充满感激之情。试想，如果上司不分青红皂白去批评员工，不给员工解释的机会，员工的心情会是怎样？

当然，这并不是说上司不能批评员工，而是要选择员工更容易接受的方式。这就需要上司能够及时了解下属的心思和困境。很多问题上都是如此，只有了解了员工的心思，才能更好地解决问题。

美国人力资源管理协会曾经进行过一个职场调查，其中有一个问题是，"在工作中什么使你最快乐"。参与调查的人员中，选择"老板或上司善待员工"选项的人数最多，甚至于超过选择"高收入"的人数。这意味着，在多数员工心里，上司的人文关怀有时候比金钱更重要。

这样的关怀上司如何能做到呢？最关键的一点就是能够和员工换位思考，从员工的角度去看待问题，进而给出解决问题的方法。这就会使得员工有一种被重视、被理解的感觉，这种感觉能够使他们克服困难，对工作更有热情。

当然，仅仅做到人文关怀是远远不够的。人文关怀在很多时候扮演的是"强心剂""助力器"的角色，也就是说，在其他条件合适的情况下，它才能发挥巨大作用。

据研究表明，员工工作积极性不高的原因大致有四种：第一，感觉付出与薪酬不成正比，或者说薪资福利太差；第二，工作内容枯燥无聊；第三，身体或者情感出了问题，想要休息；第四，工作量不饱和。而在这四种情况下，员工的状态是有特殊的迹象可以察觉的。比如，在第一种情况下，员工的眼神是空洞的，整个人看起来有点缺乏斗志，还带着一点不耐烦，工作时可能时不时地会皱眉或者生气；在第二种情况下，员工在工作中会常常走神，可能一会儿浏览新闻，一会儿刷微博，由于害怕被发现，他的神情会有些许不自然和紧张；在第三种情况下，员工是没有心思工作的，常常是发呆或者看向窗外，情绪不稳定，表情忧伤等；在第四种情况下，员工开小差就有点心安理得了，因为工作量少不是他的错。

当然，实际的状况可能更复杂，也有重叠的地方，但通过上文的论述，可以得出的结论是，员工的心思很多时候都藏在他的动作、眼神、表情之中，通过观察他的工作状态，或者通过一对一的沟通交流，可以对其真实想法有所了解，并在此基础上站在员工的角度实行合理的奖惩政策、解决方案，而不是仅凭自己的感觉和想法去处理问题。

敏感特质能够使得上司对员工微小的变化或动作格外关注，且能够从中解读出一些信息，同时会使上司对员工的情绪在不经意间就有所关注，使其能够深入员工的处境体会他的感受。敏感天赋赋予这个职位一种自然的亲和力，员工能够从上司身上感受到温暖和关怀，也更容易放下戒备心。当然，即使员工仍旧有所顾虑，敏感特质也能帮助上司从侧面了解其真实想法，且能够经过深思熟虑之后再做抉择，避免冲动带来的严重后果。

3. 谨慎周密，在商界纵横捭阖的谈判官

提起谈判，我们一般想到的还是商业中的谈判。这样的谈判似乎与日常生活有着很远的距离，但是我们从各种各样的影视剧和新闻热点的报道中或多或少都有看到，那些雷厉风行的谈判官给我们留下了极其深刻的印象，似乎在他们的"口"中没有搞不定的合同，而这样的能力令太多的人望尘莫及。

有的人能够游刃有余地玩转整个谈判场，而有的人却只能游走在职场边缘。那些优秀的谈判官们，似乎都拥有一种神奇的魔力，能够让客户点头说"YES"。那么现在，我们就来揭秘这样的魔力是如何炼成的，敏感天赋与谈判能力又有着怎样的联系？

每个人都有自己的脾气秉性、性格特质，即使再相似的两个人，其性格也不会完全相同。这就是为什么有的人可以成为纵横商场的谈判家，而有的人努力了很长时间，却只能证明自己不适合。因为有些性格特质能够促使人们相对容易地具备谈判所需要的能力和技巧，而

有些则会形成阻碍。

实际上，谈判就是高阶的沟通，而这样的沟通所需要的，不仅仅是沟通能力。

一家连锁酒店周围近年发展较快，越来越喧嚣，董事会有意搬迁，但考虑到占地面积过大又有些犹豫。这期间，恰好有个建筑开发商Z老板看中了这块地，来找酒店经理谈买卖的事情。经理带着公司的谈判专家L先生与Z老板进行了会谈。

L先生深受经理器重，是因为他心细如发、办事周到，当然还有最特别的一点，那就是他对他人的想法有着强烈的感知力，能够精准意会他人没有表达出来的意思。

礼貌握手后，Z老板开门见山地表达了自己要买下酒店的想法。经理则说，目前董事会没有卖酒店的打算，但价钱合适的话，也许会考虑。之后，经理就把这件事全权委托给了L先生，所有事宜由他负责。经理走后，L先生和Z老板又进行了一段时间的谈话。其间，L先生绝口不提有关酒店搬迁的事情，且对买卖的事情表现得很不感兴趣，并以董事会为由，拒绝了价格谈判，要求几天之后再进行具体事项的说明。

接下来的几天里，L先生先向董事会确定了两块搬迁地的位置及各种费用总额，以便设置谈判底线。接着，L先生又根据相关部门提供的当下酒店所在位置售价，并从Z老板的角度，按照谈话时Z老板透露出来的意图和表现出来的焦急程度，粗略估算了他可能给出的最高价格。他还在脑海中一遍遍演练谈判的过程，以找出细节问题和容易存在变数的地方，一一进行记录，将准备做充足。

　　故事中，经理在Z老板表明来意之后，用含混不清的答案做了回应。这不仅是单纯的意向试探，更是谈判双方主体地位的首次确认。换句话说，谁对这件事表现得更在意，谁就处于劣势。而敏感的L先生通过经理的回答，显然已经捕捉到了这一层意思，所以在之后的对话中依然保持这种状态。

　　在谈判正式开始之前，他又做好了充分的准备，以便灵活应对谈判中可能发生的各种意外情况，把控好谈判的整体走向。

　　这样的谈判就要求人们谨慎周密，对问题考虑全面，对细节把控到位，同时还能够对即将发生的情况进行预演。像L先生这样拥有敏感特质的人，本身就十分谨慎，在很多事情上都会考虑得较为全面，能够想到常人想不到的方面。所以，如果一个谈判人员能够具备敏感天赋，在事前的准备工作中会更轻松自如。

　　转眼间，约定的日期到了，Z老板还是一样直爽，开口问道，你想要的最低价是多少，看我是否能在那个基础上再添些。L先生则反问道，您为什么不先告诉我您能出的最高价呢？我可以酌情减少些。Z老板只好说出了自己给出的价格，就是L先生预估的酒店售价，同时也是周围的房产售价。L先生并未直接说行与不行，而是表明酒店搬迁的唯一理由就是去更安静的地方，否则不会放弃这里。

谈判没有达成一致意见，双方暂时休会。几天后，Z老板打来电话说，可以把价格提升一倍，这个价格其实已经十分接近L先生所计算的范围下限，但他故意说，离董事会的预期还差一大截，需找董事会商量。Z老板一听，要求见面详谈。会谈其间，Z老板显得有些激动，说这已经是最高价格了。L先生只是不动声色地看着他，说我能理解你，但你也要理解理解我，我已经很努力地帮你说服董事会了，你也提一提价格，让我压力也小一点啊，否则这买卖可就真做不成了。

最后，在L先生百般回旋与"艰难"降价之下，买卖以远超过Z老板最初提出的价格成交。

很多人以为谈判就是要"巧舌如簧"，沟通能力关键是在"说"。其实不然，真正的沟通高手都是"以听为主"，谈判也是如此。当然，所谓的听并不是别人说什么你就听什么，而是要引导对方说出你想知道的，从对方的语言、语气、动作中获得最真实的信息，先收集和分析对方的信息，再有针对性地共享自己的信息。理解客户提出的要求，根据其需求给出承诺，让客户对你产生信任感，从而推进谈判的进行。

在与Z老板的几次会谈中，L先生总是引导他多说，然后再根据自己得到的结果发表自己的看法。这也就意味着，谈判者要有一定的洞察力，不仅要通过观察发现关键之处，还要有逻辑分析能力，对听到的、观察到的信息进行再度加工，找到真正隐含的信息。敏感者的天赋中，观察能力、洞察能力、敏锐的第六感都是重要的组成部分，这些能力能够使敏感者较快探寻到对方内心最真实的想法。有的时候对方嘴里说出来的，和他心里想的是不同的。虽然我们不能看透人心，但是在这样的情况下，其眼神、语气、动作中传达出来的信息，与其说出的话是不一致的。有经验的谈判者往往更倾向于相信肢体语言传达出来的信息。就像文中Z老板的叫苦，L先生早就看出，谈判并不是真的到了不能商量的地步；另一方面，敏感者还善于"伪装"，用故意露出的破绽引导对方上钩。

不管是不是谈判，只要是跟人打交道，想要拉近自己同对方的距离，或者想知道自己提出的观点是否有被认可的可能，都需要共情力、同理心的作用。

共情力是一个优秀谈判者重要的工具之一。谈判的过程也可以看作是不断消除不同意见、分歧，最终达成共识的过程。即使是消除分歧，当然也更希望最终的结果偏向于己方意愿，那么就要说服对方认同你的观点。如何说服呢？最关键的一点就是，有一个足以让人信服的理由。这样的理由必定是站在对方立场才能想到，感受对方的想法、兴趣、需求和立场，使其接受己方的方案或者建议。正如故事中的L先生在面对Z老板的叫苦时，先表达了自己的同情和理解，随即又表明自己艰难的处境，告诉对方两个人要互相理解，最后又给出"合作不成"的话语，使得Z老板就范。

因此，敏感型的谈判人员在这方面一般都拥有绝对的优势，其超强的共情力，能够使自己进入对方的主观世界，促使己方观点被顺利接受。

　　谈判是一个动态的过程，中间会发生太多意想不到的变故。比如，对方对你预先提出的解决方案并不满意，这时候就需要你想出一个更好的方案，来促进谈判的进行。所以，谈判者还要能够运用发散思维、想象力，以创新的方式解决问题。当然，完全创新在时间急促的情况下非常具有挑战性，那么最好的方法就是，抓住一个不起眼的小细节，以便出奇制胜。

　　另一方面，虽然正式的谈判场合不会出现激烈的冲突和矛盾，但对方有可能提出过分的要求，这时候谈判人员应当控制好情绪，不可向外显露，要以更巧妙的方式回击，展现自己的高情商。

　　拥有敏感特质的人往往是情感细腻，有耐心且细心的人。但是敏感者的天赋中的危机意识、过于谨慎等，会使得他们在一些事情上耗较长的时间进行思考，而他们考虑得又比较多，因此也很容易纠结起来没完，因而错过谈判的最佳时机。这一点是敏感者应该注意的方面。

　　尽管敏感者不一定能够成为如此优秀的谈判官，也不一定从事这类型的工作，但是在日常工作中，或与上司与客户，多多少少也会进行交际和不那么正式的谈判。如果能把敏感天赋充分利用，那么在职场中乘风破浪将易如反掌。

4. 能谋善断，游刃有余地处理工作难题

多琳和贝蒂在一块吃饭，其间，贝蒂主动提起了她的下属安娜。她说，安娜进步很快，学什么都很上心，现在都可以带领小团队了。

是吗？多琳显然有些惊讶，记忆也回到了一年前。

多琳和贝蒂是老朋友，同时也是很好的合作伙伴。一年前，多琳作为"特使"一直在贝蒂的公司做考察，这期间，安娜作为新员工被招聘了进来。

一段时间后，贝蒂找到多琳，跟她说："嘿，你不是在心理方面挺厉害的吗，帮我个忙，看一下安娜在工作上遇到了什么困难吧。"接着，多琳就去深度接触了这位新员工，在她的循循引导下，安娜才羞怯地说出了自己遇到的问题，但过程中仍旧表现得局促不安。

安娜说，部门十几个人都是在开放的办公室工作，虽然有隔板但是作用并不大。同事们常凑在一起聊八卦、讲笑话，有时候聊着聊着声音就不由自主地大起来。很多时候，她都被这样的噪音所影响，没

有办法安心工作。她平常也不太能跟同事们聊到一起，顶多也就是在旁边听一下，所以当她小心翼翼地跟他们建议小一点声时，便遭到了白眼。从那以后，她还时常听到他们在背后说自己的闲话，她不敢向上司说明，怕被骂得更严重，更怕被上司认为自己玻璃心。她被这件事困扰了很久，工作状态也一直不太好，甚至于最后她把过错归到了自己身上。为什么别人都不这样，只有她有这方面的困扰呢？那说明出问题的不是别人。

听完安娜的叙述，多琳明白了为什么贝蒂对新来的这个小员工如此关照，曾经的贝蒂何尝不是这样。

最后，在多琳的帮助下，安娜的事情得到了圆满解决。没想到才一年，那个看起来小心翼翼的小丫头竟有了如此大的变化。

故事中的安娜并没有做错什么，同样同事之间聊天实际上也无可厚非，安娜真正的困扰来自她的敏感。她不是玻璃心，也没有生病，更不是没事找事，她只是太过敏感。

而上司贝蒂之所以能够察觉到安娜的异样，并且对她格外照顾，是因为贝蒂也是一个敏感的人。她知道敏感者在这时候需要的是宽慰和引导，只要稍加调整，敏感特质就能成为敏感者在工作中的优势。这点在她和安娜身上都得到了很好的印证。

现实中，很多敏感者在职场中也会遇到像安娜一样甚至更严重的问题，可能也会被同事在背后甚至当面说，"你脸皮别这么薄行吗""你能不能别这么较真啊""你得从你自身找问题，努力适应环境""这人怎么这么别扭这么矫情呢"……但不一样的是，他们可能没有那么好运，遇到一个像贝蒂那样的上司，无法获得开导和安慰，也无法主动解决那些困扰自己的问题。

如果只看到这些方面，我们必定会认为敏感者在职场中不会有优势。但事实上，如果把注意力放在敏感者的潜力与优势上，就会发现，跟优势相比，那些劣势简直微不足道。这也是为什么很多正视了自身敏感特质的敏感者，喜欢在写简历时将敏感归到优势一格。

相关研究表明，众多心理学家也证实，企业管理者往往把敏感的员工认定为组织中优秀的个体，他们身上具备的敏感特质能够使他们更好地解决工作问题。就像故事中的安娜，在一年之内从唯唯诺诺的小女孩快速成长为独当一面的团队领头人，除了因为有上司的些许帮助外，更多的是依靠自己。

如果你也是这样一个敏感者，并且不想让敏感成为"拖累"，而是想要利用它带来的独特天赋，在工作中一展身手，那么不妨从以下几个方面入手。

（1）将你的观察感知能力更多地应用在工作中，而非无关紧要的情绪上，并且敢于说出那些被人忽视的重要细节。

比如在整理合同时，发现了一处不恰当的地方或者错误，有时候仅仅是一个小数点的误差，就会带来完全不同的结果。当然，如果不是明显的错误，在你指出来之前，一定要有清晰的具有说服力的论据，否则上司只会认为你在信口胡说。又比如，在公司招聘之前，你能够注意到人员结构方面的问题，并给出自己的意见和合理的预算。

在处理某种类型的文件时，你能够发现其中容易出错的地方并格外注意，就像学生做题时的易错题目，虽然不难，但是不细心却很难做对。

（2）保持谨慎，考虑周全，自带安全警报，有时候还能够以较为准确的直觉预感危机的来临。

谨小慎微和瞻前顾后也是敏感者的主要特征。很多时候，在某些比较重要的事情上，谨慎一些总没有错，比如对自己不确定的工作流程多演习检查几遍，对实验性的结果多验证几次等。

敏感者喜欢关注后果，将可能的结果都预想一遍，尤其是不好的结果，这样会对工作有很大帮助。但是不要过分关注后果，因为任何事情都是有风险的，而高风险往往与高收益并存。

有的敏感者总会有第六感，这就意味着他有更为发达的直觉能力，而这种能力能够使其更准确、更快速地预感到某个事件的发生，对他人外在显露不清楚的目的也能准确地感受到。

（3）敏感使人们在职场沟通中具备优势。

这里所说的沟通，并非同事之间的闲聊，而是与工作相关的交流。前面已经说到了敏感在如何做好自己的本职工作和了解下属心思上的优势，这种优势能够使敏感者较为容易地获取上司给出的提示信息，按照要求解决好问题，同时还能获得上司的赞赏；在下属出现问题时，具有敏感特质的上司也能够制定出既符合规定又切合下属心意的处理方案，使得下属更信服。

（4）敏感使人们在职场学习中更专注、更努力，更容易掌握重点内容。

刚进入职场或者刚接触一份新的工作时，总会有很多东西要学，当然在工作的过程中，也会有很多需要学习的地方。敏感特质能够让人们快速地掌握重点，头脑灵活、思考迅速。如果是在他人的帮助下学习，那么敏感者心中还会产生不辜负别人的想法，会更加专注和努力。

（5）用独有的创造性去解决相关问题。

将敏感特质带来的创造力用在创造性的工作上，会起到很大的作用。不过，即使在普通的工作中，创造力依然有它的价值。比如，当某个问题进入死胡同，没有很好的解决方案时，敏感者可以另辟蹊径，从不一样的角度找到更好的解决方法。

如果细分，敏感在职场中的优势远不止这些，不过这几点就足以使敏感者在工作中更好地解决问题了。

5. 明察秋毫，在职场中脱颖而出

　　HBO的《权力的游戏》一度俘获了众多中国观众的心。不得不说，很少有一部剧能让众多粉丝关注数年仍旧如此"疯狂"。

　　当然，也有很多人只是听说过，却并没有看过或者认真看过这部剧，不过这并不影响我们接下来要叙述的内容。《权力的游戏》给人的印象是，情节非常复杂、关系网错乱交织、出场人物众多。这部剧中包含了众多家族恩怨、个人情仇，演绎了一个个鲜明的充满故事的人物和一场场惊心动魄的战争。但实际上，其核心用一句话就能概括：各大家族为争夺王座而进行的权力战争。真正看懂这部剧的人，还能从中参悟出人生的许多道理。

　　易中天老师说，他可以从《三国演义》和《三国志》中体会出现代的管理之道来。那么对于一个敏感者而言，他的敏感天赋可以与"权力游戏"擦出怎样的火花呢？

　　（1）承认自己的失败，不可以"执迷不悟"，适时反思，等待合适的时机。

《权力的游戏》中，老国王去世后，其弟弟史坦尼斯成为合法继承人，但他仍旧要经历战争才能顺利登位。史坦尼斯有实力也有运气，不多时就顺利来到了王位之前。然而在一场关键战役中，本来具备优势的他却失败了，经过苦战，他终于又夺回了两座城池。如果这时他能撤兵回封地休养生息，也许还能卷土重来，但他已经被权力迷晕了头，不承认自己的失败，一意孤行，最终导致全军覆没，再无翻盘的机会。

这场景似乎与"项羽自刎乌江"如出一辙，二人同样都颇具帝王风范，却都因无法正视暂时的失败，最终步入了无法回头的绝境。

现实生活中不乏这种性格的人，他们常以自我为中心、对他人的建议评价置若罔闻、看不到自己的不足、不承认失败、拒绝反省，这样的人在职场上是难以立足的，即使有才华有能力，也会因为这样的性格吃大亏。

而这似乎与敏感者的性格特征大相径庭，敏感者非常在乎他人的看法，能够积极听取意见。对自身的不足之处认识得尤为全面，常常进行自我反思，这些都使敏感者更易在职场立足。不过，需要注意的是，对于他人的建议，敏感者要有自己的判断标准，切忌盲目采纳顺从。同时，反省不等于过度自责，敏感者要把握好尺度，适当反省后，及时修正错误行为，而不是沉溺于懊悔之中。

（2）理解领导的难处，不要心存埋怨。

《权力的游戏》中各大军队的领导者几乎都有过常人难以承受的

经历。然而，当危险来临时，往往也是他们在前面顶着压力。职场中的领导何尝不是这样，尽管从表面上看，感觉自己的上司很轻松，但其实他承受的压力和要做的事情比你多得多。所以你要常与领导"换位"，尤其是在领导发脾气、批评你的时候，不要只顾埋怨，要懂得替领导分担，这样才更容易得到领导的赏识。

第五章

敏感天赋助你成为社交达人

　　内心敏感的人有天生的同理心、高度的情绪自觉以及观察力、感受力、体验力，在表达方面也独具优势，能够不经意间说出深刻的道理或者婉转的话语，这些天赋已经足够让他们在社交方面游刃有余。

1. 明辨自身好恶，擅长高质量互动

对于敏感者而言，人多的社交场合一般会引起他们的内耗，所以他们会觉得不舒服，感觉到劳累，那是因为他们认为自己在做无用功，在进行毫无意义的活动，无法获得身体和精神上的愉悦。

他们不是不会跟人说笑打闹，只是不喜欢跟别人做表面朋友；他们不是不会跟陌生人沟通，只是不喜欢无趣的人……

一方面，敏感者往往带有自卑心理，对他人的批评"耿耿于怀"，专注于不被认可和接受的地方，以至于形成恶性循环，这一特点使得他们不能坦然面对自己，害怕在交往时被嘲笑被拒绝等。另一方面，敏感者又被认为是内心缺乏安全感的群体，身上自带保护膜以及较强的戒备心，这使得他们怯于表达，很难向他人吐露心事。

所以在外人甚至他们自己看来，敏感与社交似乎是一对反义词。但是，不随便社交不代表社交能力弱，一旦他们突破这层心理障碍，社交天赋就会显现。

当然，突破这层障碍不是无缘无故的，他们会锁定某个人或者某几个人，跟他们试探性交谈，然后看对方的言谈举止、交谈的内容甚至思想高度是不是与自己大致在同一水平线上再决定是否深交。换句话说，敏感者更喜欢高质量的互动，而不是闲扯，他们需要的不是过场朋友，而是真心朋友，相比于一对多、多对多的表面聊天，他们更喜欢一对一或者小团体内的深度互动。

小丽属于天生敏感者，她一度认为自己不擅长人际交往，所以对一些多人聚会并不感兴趣。尽管部门总是组织聚会，但小丽在聚会中相对安静，常常看着别人嬉笑打闹。有一次，公司来了一位新同事，小丽第一眼看见她就觉得有一种似曾相识的感觉。自然，部门又办了一次欢迎仪式，新同事跟大家都不太熟，但场面话说得都不错，该放得开的地方也放得开，很合大家胃口。嗨了一会儿后，大家也就不再老提到新同事，她就坐在了沙发的角落里似乎若有所思。

旁人对这一切可能没有在意，小丽却都看在了眼里。她坐过去，进行了简单的自我介绍，以自己曾经类似的经历为话题切入，因着一种莫名的亲切感两人很快就熟络了起来。那一晚上，她们聊了很多，从学校到工作，从学习到恋爱，从生活琐事到时下热点，她们发现彼此之间有很多相似之处，爱情观、价值观、爱好、对某个事件的看法、对某部电影的深度理解，等等，这让她们感觉对方仿佛是自己认识许久的良友。

两人很快就成了知己型的朋友，时常逛街，也会聊一些没有营养的话题，但更多的时候是涉及精神层面的交谈。

一段时间后，小丽去了另一个城市，两人见面的次数少了，平时也不怎么闲聊，但只要聊就能聊到深夜，见面也不会有陌生感。

某一次，小丽跟自己的发小聊天时，说自己很苦恼，不善与人交流，尤其是在大型聚会中，看到别人个个活泼开朗自来熟，自己显得格格不入。

发小瞥了她一眼："得了吧，你不知道我多羡慕你呢，你到哪都能交到知心的好朋友，而我却总是一个人。"

"不可能啊，你可比我开朗多了，见个人就敢说话，比我朋友多多了吧?"小丽很是疑惑。

"拜托，这不一样，朋友和知心朋友不是一回事。"发小说道。

相信很多敏感者会有和小丽相似的交际经历和想法，自认为自己朋友不多，时常来往的人也很少，但其实仔细想想就会发现，那不过是自以为。

的确，在敏感的人身上交朋友的事情不会时常发生，因为他们更喜欢高质量的互动，所以对于另一方，他们不是随便选择的，而是在经过观察或者试探性的交流之后才会决定要不要接着交谈下去。但是一旦他们愿意并且敞开自己，就很容易交到好朋友。

敏感者什么时候会敞开心扉，展现自己的社交天赋呢?

当他认为对方和自己契合时，就像共振，两人同样的振幅同样的频率，他才会觉得互动交流是有意义的，有必要的。

在敏感者看来，浮于表面的交往只是在浪费彼此的时间，消耗自己体内的能量，尽管有时候迫于某种原因不得不进行这样的交际，他内心也是抗拒的。

那么敏感者如何搜索那个与自己相契合的人呢？

敏感者有着异常细腻的感官，敏锐的触感使得他们对周围的人、事物、环境都有比常人更为深入的感受，所以某些时候他们会对很多人的举动、表情、言谈在不经意间就进行了了解，最后锁定一个或几个目标人物，很快察觉到跟自己气质相符的人。一旦锁定目标，平常安静、怯于表达的敏感者就会转被动为主动，乐于分享和表达自己的观点，同时也会认真听取对方的想法，之后针对共同之处相互附和，针对分歧之处再做讨论。这样的互动会使敏感者感到心情愉悦，精力充沛，并且能够获取有价值的东西。

所谓高质量，总的来讲，这个"高"字体现在三个方面，第一是内容的高度，第二是情绪的高度，第三是作用的高度。

内容的高度通俗来说是，不浮于表面而深入内里。即使在谈论一个明星，也要在其外表之外，挖掘到更深处的东西，即从事情表面入手，将自己的学识、经历、感悟、想法与之结合，最终形成完整的观点并表达出来。

情绪的高度指的是，在进行互动交流的过程中，敏感者的情绪是处于高亢的状态，他是兴奋的、自由的、桀骜不驯的，他的思想是天马行空的，当然不一定是特别高兴，而是说一种活跃的姿态。这说明他对这样的交际是感兴趣的，是能够从中获取心理能量的。

作用的高度就是交际的双方能够从这场交流中获取什么，也许是一个挚友，也许是人生重要的一课，也许是拨云见日的豁然，总之是能真真切切地感受得到的。

敏感者的谨小慎微、害怕受伤、顾虑重重、过于在意他人评价的特点，使得他们不会轻易去结交朋友、吐露心声，好像总是一副拒人于千里之外的样子。其实他们的内心希望参与到别人的对话中，希望得到关注，同样是需要朋友的陪伴的。也正是这种性格，称之为灵魂好友，而不是表面热情的泛泛之交。朋友不在多，而在精。

正如作家周汉晖在《心灵的镜子》中所说，最理想的朋友，是气质上互相倾慕，心灵上互相沟通，世界观上互相合拍，事业上目标一致的人。而敏感者的交友标准往往就是如此。

2. 快速产生共鸣，从而打动对方

所谓触动人心，通俗来讲就是把话说到对方的心坎上，找到对方感兴趣的话题，并且能够与之流畅交谈下去。

而这一种高超的交际技巧，也是一种语言艺术。不管你是结识普通朋友还是商业伙伴，不管是交际还是谈判，最快速又行之有效的方式就是找准话题，找到触动人心的对话，与对方产生内心共鸣，让对方感觉到你们之间的默契。

现代管理学大师彼得·德鲁克曾说，沟通最重要的是，一个人必须知道该说什么，一个人必须知道什么时候说，一个人必须知道对谁说，一个人必须知道怎么说。

美国心理学家戴尔·卡耐基也说，如果你要使别人喜欢你，如果你想他人对你产生兴趣，要注意的一点是：谈论别人感兴趣的事情。将自己的热忱与经验融入谈话中，是打动人的快速方法，也是必然要件。

美国第26任总统西奥多·罗斯福是一个具有开创性的进步主义者，富有激情充满活力，他改变了美国总统一直以来的弱势地位、美国外交政策和军事战略发展方向，其很多做法都为之后的美国总统树立了标杆。除了优越的政治头脑，罗斯福的渊博学识也一直被人们津津乐道，据说每个拜访过他的人，都会被他的博学和善谈所折服。

哥马利尔·布雷佛曾写道：一名牛仔、骑兵、政客又或是外交官，只要是拜访罗斯福的人，罗斯福都知道该说什么样的话。

罗斯福深谙与人沟通之道——想要打动人心，必须抓住对方的兴趣点，找准话题。为此，他会在客人来访的前一天晚上，翻阅来访者感兴趣的话题资料。

可见，在沟通中，迅速抓住对方兴趣点是多么的重要，这是连总统都遵循的真谛，更何况普通人。

不过在现实生活中，我们所进行的交际往往是不能够"预约"的。也就是说，很多时候我们跟对方是完全不了解的，交际是突然发生的，我们根本不知道对方是谁。比如在某一次大型聚会中，碰到朋友从未提及的朋友，我们不可能像总统一样提前知道对方是谁，也查不到十分详细的资料。当然，有时候我们也会知道对方的一些信息，但是这信息只是片面的，甚至于跟真实情况有出入。

不过，对于拥有敏感特质的人来说，利用其敏感，就能够轻松化解这样的困难。

前两天，小芳接到领导的通知，让她两天后去机场接一个美国来的客户，并且还有一个额外任务就是帮客户挑一个礼物，领导特意嘱咐，这个客户很重要。"把这么重要的事情交给我，办砸了怎么办？"小芳当时就在想领导是不是通知错人了，她并不算部门里面最有能力的。小芳将自己的疑问提了出来，没想到领导却说，你说得对，但我有自己的打算，你只管尽力做就好。

小芳有些紧张害怕，她本身性格如此，再加上领导给的客户资料没什么用，根本就没有客户个人的习惯爱好，又怎么摸清客户的心思买礼物呢？想到这些小芳就更坐立不安了。

转眼到了接机的时间，远远地小芳就看见一个穿着运动装的女士走来，即使如此也挡不住她身上的优雅气质。一路上女士问了一些关于公司的简单问题，小芳一一回答，她注意到女士的行李箱上竟然贴着不少赛车的小贴纸，联想到客户的这一身行头，问道："李姐，您非常喜欢运动吧？怪不得身材、气色都这么好。""运动是保养的最好方法，我的确非常喜欢。"女士回答道。"那您是不是特别喜欢充满挑战的运动呢，比如赛车？""你怎么知道啊？你也感兴趣？"女士问道。小芳点点头，"我最早接触赛车是因为我的丈夫……"客户不知不觉打开了话匣子。

最后，小芳挑选了一个客户在第一次赛车时使用的车模型，客户非常喜欢，小芳也圆满完成了任务。

其实，案例中的小芳在故事背景的交代中就是敏感型人格。她虽然安静，看似不善言谈，但总能抓住重点，一针见血。即使是一个陌生人，她也能从有限的信息中分析得出最关键的东西，找准话题，瞬间引起对方的兴趣。就像案例中的女客户，事前是陌生人，但小芳却成功引导她说出很多有用的信息，拥有这样的优势的她被领导选中不足为奇。

小芳具备的多种特点，比如谨慎、考虑得多、对一件小事很是在意且会产生很多想法、第六感敏锐等，基本上都是敏感特质的组成部分。她能够对一件看似与工作无关的小事格外注意，并且还能够将两者联系在一起。

敏感者普遍具备的共情力对于交谈中快速切入兴趣点也很有帮助。这种能力用在熟悉的人身上，会让他们觉得你非常温暖、善解人意，而用在陌生人身上，会迅速拉近彼此的距离，一旦陌生感消除，共同话题很快就能被敏感者发觉。

其实很多时候，当敏感者接触一个陌生人时，他更多地会从细节观察入手，从蛛丝马迹中快速了解对方。不光是观察这一点，敏感者还有一个特点就是能够将观察到的事物联系到一起。

在与熟悉的人交往中，找到触动人心的话题同样重要。这样的情况下，双方对彼此都是了解的，知道对方感兴趣的点，也就无须通过细节、推理去摸索。在交谈的过程中，敏感者会自动快速搜索脑海中的话题类型，以求找到最合适的一个展开聊天，很轻易就能打开对方的话匣子，因为即使熟悉，你说了人家不感兴趣的话题，也依然会使场面尴尬。

总之，敏感特质让敏感者的各种感应能力都十分敏锐，能够快速捕捉到对方身上显露出来的信息并说出触动人心的话语。

3. 善于发现他人优点，更懂得赞美

　　法国古典作家拉罗什富科说，赞扬是一种精明、隐秘和巧妙的奉承，它从不同的方面满足给予赞扬和得到赞扬的人们。

　　莎士比亚说，赞美是照在人心灵上的阳光。没有阳光，我们就不能生长。

　　生活中的人们，不论年龄、性别、职业，都需要被赞美。每个人不论是哪一方面都渴望得到赞美，即使有的地方不是那么优秀，也希望被夸奖，因为别人的赞美就代表一种认可，而这种认可往往能令我们在某个时刻某些方面信心倍增。

　　实际上，赞美更像是一种阳光的积极的热情的生活态度，被赞美者心情愉悦，赞美者同样会得到满足。赞美他人，是一种特别受欢迎的行为，是人际交往的润滑剂。

　　不过赞美并不是我们认为的那么简单，不是只要几句好听的话就能达到目的，赞美也是一项技术活。当然，赞美不会涉及传统意义上

的"技术"，但同样有很多需要注意的地方，某些误区一经踏入，不但不会使他人因你的赞美而开心满足，反而可能适得其反，为一段还未开始的友谊画上了句号。

每个人都有对自己的自我满足、对自己自信的方面，在这些方面他们仅仅自我认可是不够的，更需要外界的赞美来获得他人和社会对自己的重视和认可，使他们对自己的优势更加自信和骄傲，而这种感觉是非常令人享受的。

有自信的地方就会有自卑的地方或者说短处，有的时候某些人会为了赞美而不分实际情况胡乱夸奖一通，人家腿短偏要说又细又长，皮肤黑非要说白皙有光泽，说话不利索非说热情健谈，这种提及他人短处的、拙劣的赞美只会让别人认为你是在讽刺和嘲笑，并不会给他人带来满足和享受。这种明显可见的雷区，相较而言还是比较容易避开的，而有的雷区却不那么明显。

现实中，很多人都会有一个十分在意的地方，不是短处或者绝对自卑之处，就是一个当事人认为存在争议或者由于某些影响而十分在意的地方，这个地方会使他不自信也会使他信心倍增。因为这个地方具有争议，当事人没有形成自我认知，便会很大程度上依靠别人的看法来判断是好还是坏，会随着他人的评价而产生情绪方面的波动。比如一个女孩子，小时候有人说她长得不好看，长大后又有人说她好看，那么她本来对外貌是自卑的，但是一些夸赞声又让她有了自信，但是夸赞和质疑是轮番来的，所以最后她也不知道自己的外貌到底如何，只知道被人夸好看时自己会非常高兴和自信。

那为什么说敏感天赋会让你更会赞美呢？

因为敏感的人在观察了解他人方面颇具优势，同时凭借较强的直觉能力，能够很快察觉到他人的喜好和忌讳，不至于因不恰当的话而引得他人产生负面情绪。

也就是说，敏感的人往往知道如何去夸赞一个人，避开那些会引起人们误会和反感的方面。敏感性格典型代表人物之一的林黛玉，除了柔弱忧郁之外，还有一个非常显著的特征，那就是"毒舌"。所谓"毒舌"就是言语犀利颇具讽刺意味，使他人"毫无还嘴"之力。这说明黛玉能够准确发现他人的软肋，也正因为如此，她也知道如何更好地赞美别人。

香菱随薛姨妈进到大观园之后，由于羡慕宝钗、黛玉等人的吟诗作对之能，便拜黛玉为师。其实这时候的香菱是非常胆怯和自卑的，黛玉察觉到这一点，便鼓励她道："什么难事，也值得去学？你又这样聪明伶俐，不用一年工夫，不愁不是诗翁了。"香菱大受鼓舞，更加努力地学习，之后作了一首诗给黛玉瞧，那诗实在算不上好诗，但黛玉知道香菱需要鼓励而不是批评，于是说道："意思却有，只是措辞不雅，皆因你看的诗太少，被束缚住了，把这诗丢开，再做一首，只管放开胆子去做。"

而宝钗则时不时打趣香菱是"自寻烦恼"，还说她，"全因颦儿引得本就呆头呆脑，再作诗就更弄成呆子了"。不过好在有黛玉这样的善者鼓励再加上刻苦，香菱最终作出了一首好诗，黛玉称赞道："这诗不但好，还新奇有趣。可知俗语说：天下无难事，只怕有心人，说的就是你了。"

　　"香菱作诗"这一片段中，宝钗与黛玉相比更显刻薄，而素来"毒舌"的黛玉却十分温婉可亲，这是因为黛玉知道一个"处处小心"的人迈出改变的第一步时最需要的是什么，也知道如何去称赞她才能让她感觉到被鼓励而不是讽刺。她虽"毒舌"也懂得分明情况，她所"毒舌"的对象一般不会因为几句话而受到极大的影响，但香菱却不同，好不容易跨出一步的香菱若在此时被嘲笑，受到的打击将是巨大的。只有黛玉能够意识到这一点，真诚地用合适的言语去赞美她。

　　除了这一点，敏感还能使得人们在表达赞美时，注意自己的措辞是否合适，语序是否恰当。因为有的人可能本意是好的，但说出来的话却是相反的，本来要赞美，说出来却变了味。中国语言博大精深，稍微换一下顺序或者换几个字，整句话的意思就有可能差很多，比如夸一个胖子灵活，"你这么胖居然还能这么灵活，不容易啊"和"你虽然看起来有些肉肉的，但是很灵活，真的很厉害"，两句话表达的是同一个意思，但显然后一句听起来更诚恳，让人感觉更舒服。这样的细节，在一些人看来可能没有什么区别，但敏感的人却会很自然地注意到并不遗余力地去调整，让受赞方更喜欢。这种立足于缺点的称赞方法，一般讲究的是先抑后扬，但应注意"抑"的程度要轻，而"扬"的程度要重，也可以像上面提到的一样，完全不去提缺点只说优点。

敏感的人具有艺术天赋，这种艺术性也可以体现在语言上，换句话说，敏感可能会使你赞美别人的词语更丰富、更华丽、更与众不同，同一个地方可以用多个好的词语、不同的方法去赞美，比如夸赞眼睛，除了"漂亮""又大又亮"，还可以说"你的眼睛里面有星辰大海，笑起来像月亮一样"诸如此类。

敏感天赋的确会让人更会赞美，而赞美又是一件愉悦他人快乐自己的事情，让敏感者在交际中更如鱼得水。

4. 及时调整气氛，防止冷场

现实中，有那么一群人，有一个奇怪的名字"冷场王"。

冷场的本意是指在正式的宴会或者节目中，演员或主持人因误场、忘词、不恰当的动作等导致演出、节目等无法进行下去，或者在进行中对手无法接词而造成的尴尬情况，是一种比较忌讳的现象。

现在，冷场也用于形容社交中出现的一些现象，而"冷场王"就是指那种每次一说话就能瞬间让其他人"安静"下来的人。

比如，大家正在兴高采烈地讨论某件事情时，他一插嘴，大家就不再聊这个话题了，所以有的"冷场王"也叫"话题终结者"。

某一个话题已经到了刚刚好的地步，这时候结束是恰当的，却总有那么一个不合时宜的人接着聊下去，说个没完，在场的其他人就会陷入尴尬中。

或者说，人们正在讨论一件事情，意犹未尽，他却非要说另一件事，开始一个新的话题，大家只好闭口不谈。

　　抛去"冷场王",还有一种很常见的冷场情况就是"无话可说"。聊天,无论准备多少话题,总是会遇到话题越用越少,乃至用尽的时候,然后越聊越聊不到一块,出现冷场。

　　冷场的情况在社交中是很常见的,总的来说有四种类型:第一,话题不合时宜;第二,表述的言语不恰当;第三,表述的方式让人不舒服;第四,没有可聊的话题。

　　有的人在很多情况下都是"冷场王",这个类型的人群有几个共同的特点,不会察言观色,不太在意他人,不懂得适可而止,感知能力一般,感受不到周围人的情绪变化,不会分辨话题的适宜性。因而他们根本意识不到自己的这种行为带来的影响,也不觉得有什么不妥之处,还会觉得纳闷,怎么我一开口,别人都不说了呢,是他们听不懂吗?当然也有的根本不会去注意别人说不说话,只会自顾自地长篇大论。

　　敏感者往往不会是这一类型,因为本身的性格特质就已经决定,他们不会不去关注在意他人,下意识地感受每句话造成的影响。不过,太过谨慎,顾虑太多,因在意他人而紧张,无法放松也会导致交际陷入尴尬之中,因为在紧张的状态之下,人们的表达能力和分析思考能力会有所下降,就可能会说出不恰当的话,忘记要说什么,想不到新的话题,等等。

　　每个人都或多或少地有过冷场的经历,有过当"冷场王"的时候,有可能会给别人留下"不会看眼色""没眼力见""不会说话"的印象,久而久之就会被人们疏远,影响自己的人际交往。不过相较而言,由于具备了敏感特质,敏感者的冷场程度较轻,更多的是因紧张顾虑太多而无法充分表达自我，进而出现尴尬局面，而这种冷场不像"习惯性冷场"那样难以改变，只要引导敏感者将自己的敏感用对地方，就能够缓解甚至避免。

首先，在进行交际之前，一定要先调整好自己的心态和情绪，尤其是面对陌生人、重要客户、长辈、上司等有距离感、会使当事人产生压力的交谈对象时，更要放松自己，消除不安。这种情况下的不安产生的原因主要包含两个方面，第一是跟对方的陌生感、距离感；第二是准备得不够充分，对对方了解的程度不够。

一般情况下，跟熟人聊天时，人们是比较放松的，即使是相对内向的人，往往也会表现出"能言善辩"的一面，那是因为你知道对方的兴趣点，也知道对方的底线，知道该说什么，怎么去说，尽量避开什么，无须准备话题，常常是"灵感迸发"，越说越投机，越聊越火热。

在交谈的过程中关注对方的情绪变化以及对自己的态度，结合对其动作的观察，判断对方的心理状态，适时改变自己的谈话内容。在感知和观察方面，敏感者有着绝对的优势，但同时，敏感者也更容易紧张不知所措，所以调整好状态是大前提，紧接着就可以发挥敏感专长，分辨对方当前的状态是否愿意聊天，进而判断其是否对当前的话题有兴趣，了解对方当前对什么最有兴趣、对什么没有兴趣，及时"刹车"终止对方不喜欢的内容，把握好进程和节奏。

总的来看，防止冷场关键是要感受对方对你提出的话题的感兴趣程度。但感受真的很不容易把握，不过对于敏感者这种感知能力较强的人来说却不是大问题。

5. 占据主导位置，使人心悦诚服

"说服"一词的解释是，心悦诚服，依据事实，理由充分，有理有据地去开导对方，使之从心底信服。

这告诉我们，所谓说服并不是用某些方法让他人屈服于你的观点或做法，嘴上认可心里却不服气，而是要让他人从心里觉得你是正确的，你说得很有道理，他们乐于按照你的方法去做，心服口服。

每个人都有属于自己的独特经历、学识、看待事物的角度和方法，所以每个人的内心都是独立而不同的，不过心理学的相关研究发现，某些心理模式与基因相关，而这些基因是多数人们所共有的，也就是说多数人拥有某些共有的心理模式，但需要加以引导才能达到模式统一的状态，即说服。

这也表明，说服他人并非易事。人们的观点都是通过自我的经历、观念加上认知形成的，想要使之摒弃原有的想法而跟着他人的思维走，是很有挑战性的。

而敏感特质中的细节观察、心理换位、感受体验、关注对方、较强的分析力、逻辑力，则能使得敏感者在说服他人方面更具优势。

M小姐到百货大楼买了一条深色裙子，可是在家穿了几天后，竟然褪色了，染得自己内衣丝袜上全是，她便拿着裙子到商场去找售货员。售货员问明情况后，说道："小姐，深色都会掉一些颜色的，而且这一款我们已经卖出去很多件了，没有人反映这个问题啊。"M小姐一听更生气了："你什么意思？你是说我没事找事？""当然没有，您先消消气，我意思是刚穿都这样，洗了就会好的，您信我的准没错，再说这个价位也就不能要求太多了，是吧？"售货员好说歹说，M小姐还是认为她在鬼扯，于是只好把经理叫来。

经理来了之后，观察了一下M小姐的状态，没有问怎么回事，给售货员使了个眼色，让她给M小姐道歉，并倒了杯水，请M小姐坐下慢慢说。等M小姐说完，经理说道："看您为这件事这么恼火，我实在很自责，售货员不懂事，您别跟她一般见识。这种深颜色衣服在穿之前都要用盐水泡一下，是我们服务不到位，给您造成了损失，实在对不起。这样吧，您先回去按照我说的方法试一试，如果还出现掉色的情况，我们双倍赔偿，您看怎么样？"

实际上，M小姐真正生气的是售货员的态度和说的话，感觉很不尊重自己。而看到经理如此尊重自己后，气也就消了一大半，最后经理开口这么一说，M小姐自然就爽快地答应了。

故事中，经理的敏感性在于对M小姐的情绪感知、情感需求的把控。当你要说服一个人时，如果他正处于愤怒激动的状态，千万要记得顺着他，不要再度惹恼他。从认可对方的角度出发，懂得示弱，在其放松不警惕的时候再说出自己的建议，故事中的经理就是这么做的。

一方面，要懂得关注对方的表情、情绪变化，知道什么时候该说，什么时候让对方说，不要只顾着自己说话，抢对方的词。说服关键不在说多少，而在于怎么说，像故事中的经理，就是让顾客先发牢骚，排解怨气，自己在一旁默默听着，这也会使对方快速平静下来。

很多时候，人们会把说服跟说理联系在一起，认为道理在哪一方，哪一方就能说服对方，实际上却并非如此，你有理别人不一定听，有的表面听了心里却不服气。说服讲究的是心服口服，说服的对象是有血有肉有感情的人，在讲道理的同时，还要注意对方的情感需要、利益需要，否则只会适得其反。

如何满足对方的情感需要和利益需求呢？这就需要在观察的基础上跟当事人进行心理换位，站在他的角度去梳理和体会整个事件，再总结出"说服"的语句。

在说服他人方面，敏感天赋也具有不可忽视的作用，敏感一点，也许就更容易说出使人信服的话，做出使人认同的举动。

女孩A长得不怎么漂亮，也不爱打扮自己，由于这个原因她对于有关外表的评价非常在意。渐渐到了谈婚论嫁的年纪，身边的朋友、熟人都劝她好好打扮下自己，可她已经认定了自己再怎么打扮也就那样，而他们的话也深深地伤害了她。于是每当有人再来劝她时，她就会大叫一声，不用你们管，接着闷头大哭起来，觉得所有人都不喜欢不理解自己。

这样的情况一直持续到A认识了一个漂亮的好朋友B，从那之后，A就慢慢地变了，越来越会打扮，越来越自信，越来越漂亮。

A的一个朋友在一次聚会上碰到了B，两人聊到了A，这个朋友就问她是怎么说服A的，还把大家之前劝A的事情都告诉了她。B说，其实也没有什么秘诀，大概是因为我们两个是同类型的人吧，对自己自卑的方面非常在意，不管是好的评价还是坏的，都会对我们产生很大的影响，所以我没有像你们那样劝她，只是在她穿上适合的衣服时，戴上好看的首饰时，真诚地夸赞她"你很漂亮"，慢慢地，她就喜欢上了打扮的感觉。

有人说，说服最重要的是口才，其实不然，如果你没有契合对方的感受，换句话说没有说到对方的心坎上，口才再好，长篇大论、言辞华丽也只会让人家觉得枯燥无味，反感至极，毫无道理可言，又如何谈得上心悦诚服。

所以，说到底，想要说服他人，最关键的是能抓住对方的心，说出的话能够触动他，把自己的观点同对方的切身利益建立联系。能够设身处地地对他人的情绪和情感有认知性察觉、把握和理解，然后再结合事实去说服他。

　　敏感者常被称为"温暖的人"，就是因为他们在与人交往时，能够以对方的感受为主，时刻注意自己的措辞和举动，避免让对方感到不舒服，同时他们还会自然而然地从细节方面去关心和迁就他人，让他人在惊讶之外收获满满的温情，这也让他们更容易劝解和说服对方，就像例子中的女孩B一样，她懂得如何表达才能不伤害女孩A的自尊心，能令她喜欢并接受，进而达到说服的目的。

　　动之以情，晓之以理，依托于敏感天赋会更简单。

第六章

敏感天赋让你拥有更细腻的情感

我们已经明了敏感特质带来的诸多天赋，这些天赋同样可以在恋爱和婚姻中发挥巨大作用。

感情需要互相体贴、感知甚至是妥协。因此，敏感特质其实对恋爱和婚姻有着非常重要的作用。可以说，敏感特质让适合的恋爱婚姻更加甜蜜长久。

1. 站在对方的角度去表达爱

在人们的一贯印象中或者敏感者自己的一些恋爱经历中，敏感者恋爱的状态是这样的：

正在跟伴侣聊天，突然他没有及时回复，便开始猜测是不是自己刚才说错话了，他不高兴了，边胡思乱想边往上翻聊天记录……

你们两人在街上走，突然碰到了他的异性同学，你觉得他在盯着人家看，于是回去之后不断追问对方到底是谁，直到他开始不耐烦……

他开玩笑地说了句，你好像胖了，你却信以为真，马上去照镜子、称体重，还怀疑他是不是开始嫌弃自己了……

他也许不经意间触碰了你的敏感之处，你认为他是在故意嘲讽，或许这不是你的本意，但是，敏感的神经、发达的触角总是将你的思绪引到这样的脚本里。

而一些和敏感者谈过恋爱又或者根本仅是凭借自己主观臆断的人

会跳出来阐述跟敏感的人谈恋爱是怎样的感受：

和敏感的人谈恋爱是一件又紧张又费劲的事情，你要时刻关注他的情绪，还要非常及时准确地知道他生气的原因，问又不说，专门让你猜。有时候，你都不知道发生了什么，他眼泪就掉下来了，有的时候你觉得很平常的玩笑，他却非常在意，如果你没有及时回他的消息，他心里就会预演无数遍你不回信息的原因，然后再质问。与敏感者谈恋爱，你要有百分之百的热情，把注意力全放在他身上，时刻告诉他你的爱，不能有太多属于自己的空间，他的变化无常和多愁善感常常会使你怀疑人生。

但其实，不管是敏感者本身的自我认识还是他人对敏感者的主观判断，讲述的都是非常片面化的特点。我们说，敏感天赋能够帮助人们成为社交达人，而恋爱何尝不是一种特殊形式的社交。所以说，敏感的人并不是不适合恋爱，更不是在恋爱中只有缺点，很多时候是没有意识到自己的优势，没有正视自我在恋爱中的位置，没有真正放开自我坦诚相对，没有遇到那个真正懂得自己，看到自己优点的人。

人们一般对敏感者的特征形成了思维定式，将其带有劣势的特点放大而忽略了大部分优点。敏感者本身极易受到外界评价、他人看法的影响，自然而然也会陷入这样的错误认知中。

处于恋爱期时，本身生活得小心翼翼的敏感者会因为一个重要的人而变得更加谨小慎微，甚至于恋爱中的每一件小事都能够让他在脑海中导演一场人生大戏，一点风吹草动就足以让她联想出一百种后果，就像上面所描述的那样，自己先把自己否定，自己先给这段恋情安上了定时炸弹。

然而，很多人只看到了这些，所以认定他们只会无理取闹、胡思乱想以及无比悲观。其实他们不过是太在意对方，在意到不会以恰当的方式去表达；其实他们也不想那样反应过度，只是别人觉得云淡风轻的事情对于他们是那么的沉重。敏感者和敏感者的爱人都应该看到：

敏感的人比常人更在意伴侣的情绪，更能注意到对方的异常。他们有着敏锐的感知能力，但凡自己亲近的人有一点不高兴、一点负面情绪，他们都会及时察觉到，同时拥有同理心的他们会选择非常温和、自然的方式去安慰和劝导，注意自己的言行措辞，让对方感受到被在乎、被尊重，从而减轻内心的郁闷。

敏感的人更会照顾人，会让伴侣感觉呵护和温情。平常的时候，敏感者也会留意自己的另一半的状态，比如留意她喜欢的东西，并记在心里，遇到的时候就会买下来；关注她的细微反应，眼神迷离时，主动把肩膀送上，把衣服披在她身上；觉得她渴了还没说出口时，就已经把水递上。在特殊的时期，生病或者其他情况时，敏感者对爱人的照顾将更无微不至。

敏感的人更容易察觉到恋爱中的问题，更能妥善处理好已经出现的矛盾，避免造成更大的误会。也许在你的印象中，敏感者是无理取闹的人，更别说处理问题了，实际上在遇到真正的大问题时，敏感者是非常冷静且有魄力的，他们对事情有着准确的判断，也能够采取合理的解决措施，更会站在对方的角度去看待问题，即使对自己不利也会因为对方而抱有极大的宽容。

　　曾有一个朋友属于比较敏感的人，她交了一个男朋友，两人感情很好，直到有一天，她察觉到男朋友跟她说话时总是闪烁其词，她当即就明白一定发生了什么事情。后来，通过追问才知道，男朋友的妈妈不同意他们两个在一起，因为离家太远了。她一开始非常生气，后来想想，是因为男朋友的妈妈就这一个孩子，肯定怕他到时候去了其他城市，但是自己的母亲何尝不是这样呢。她站在男朋友和他妈妈的角度仔细想了想，觉得自己没有理由生气。尽管她非常害怕这段感情就此画上句号，经常偷偷抹眼泪，但在男朋友面前仍表现得很开心，甚至还会劝他不要跟妈妈起冲突，要理解父母。

　　敏感者在爱情中扮演的似乎一直是"麻烦制造者"的角色，其实并非如此，敏感者是很在意身边的人的，一般情况下他们不会为了自己而使对方不高兴、受到伤害，除非对方做的事情让他们没有安全感或者触碰到了他们的底线，否则他们一贯的做法是，把对方放在第一位，以对方的情绪为主。

　　敏感的人更重情更专一，会毫不吝啬地付出自己的真心。敏感者或多或少都有些缺乏安全感，所以一旦他们认定了某个人，内心是非常依赖对方的，即使不表现出来，心里也是如此，同样地他们也会为自己认定的这个人、这段感情毫无保留地付出，专一而深情。

　　真正了解和深入接触敏感者的人，会发现敏感者常常为他人着想，善解人意，友好而温暖，会让人不由自主地想要靠近。在爱情中也是如此，而那些吐槽敏感者的人，那些认为自己不适合谈恋爱的敏感者，是因为没有遇到适合自己的恋爱，没有遇到对的人，不要想当然地把那些不愉快归咎于"敏感"。

敏感者在恋爱中常常不被看好，其实很多时候是因为没有用对表达的方式，不能够使对方领会自己想要表达的意思。比如有的敏感者情绪波动较大，当其心疼伴侣时往往会以"哭"的形式表达，而伴侣并没有理解他真正想要表达的是什么，自然而然就会归为"无理取闹"；还有的敏感者依赖性比较强，常常黏着另一半，见不到面时，就会电话短信轰炸，其实他只是想表达"我想你了"，但伴侣就会觉得有点过分，把这种行为归类于"不懂事"；诸如此类，自身的优势反而转变成了劣势。

所以，如果你是一个敏感者，不要把自己局限在"不适合谈恋爱"的框架中，也不要觉得自己一无是处，不妨在恋爱中多用语言和伴侣沟通，让他能够明白你的意思，不要总是让对方猜，站在对方的角度表达爱意，适当地选择两人都能接受的方式表达情感，将自己的诸多优点充分表现出来。当然这不是一个一蹴而就的过程，需要相当长的磨合期，只要两个人坚定信心，终能找到适合的表达方式。

找对方式，其实，敏感者很适合谈恋爱。

2. 利用敏感特质快速探寻矛盾根源

恋爱时，婚姻中，伴侣之间产生矛盾是很正常的事情。

相处久了总会有摩擦，父母与孩子之间都会存在这样那样的分歧，更别说两个毫无血缘关系的人了。

两个人能够成为亲密的恋人，也许是一见钟情，也许是日久生情，也许是一方苦苦追寻得来的幸福，也许是友谊的自然升华，也许是辗转多年的命中注定，但无论是哪种情况，爱情总是来之不易的。但是感情的难得并不能阻碍和抵消矛盾的发生，当最初的激情逐渐归于平淡，矛盾的苗头就会逐渐显露，两个人处理问题的方式、看待问题的角度、家庭背景、成长环境、教育经历等，这些都有可能是矛盾产生的因素，即使是两个三观契合、性格温和、家庭教育背景相差不多的人，也不可能在所有的事情上面都达成共识，矛盾总是不可避免的。

产生矛盾并不可怕，可怕的是不知道如何解决，不能够合理解决，直到最后成为感情中的毒瘤。

恋人中常见的矛盾是怎样的呢?

大致可以分为三类:第一类是情侣间的小打小闹,第二类是与周围的人、身边的人相关的矛盾,第三是涉及双方家庭的矛盾。

总之,矛盾是多种多样的。有的矛盾并不是表面看上去那么简单,而有的矛盾就像是导火索,解决不好就会引起一系列强烈的爆炸反应,即使能够有效解决也只能保证一时的风平浪静,唯一的办法就是找到矛盾的根源,再决定如何解决。

在探寻矛盾根源上,敏感特质或许能够发挥意想不到的作用。

小C和小D是一对情侣,两个人都有一份不错的工作,不过相较而言,小D更有潜力。某天小D的老板请他们一起吃饭,其间,老板问起为什么两人到现在还没结婚,并大肆夸赞了小D一番,说他长得帅气,工作能力强,细心体贴,绝对能够给小C提供幸福的婚姻生活,让小C赶紧辞职,做个贤内助。小C只是听着,保持礼貌的微笑,并没有过多回应。

和老板道别后,小D拉着女朋友的手,说要带她去一个好玩的地方,但小C却冷冷地说,你自己去吧。说完头也不回地走掉了。小D追上去,说道:“亲爱的,我刚才就知道你生气了,所以才想带你去好玩的地方。你是因为老板那番话才跟我闹脾气的吧?我当时看你一直不说话就知道了,你放心,我绝对不会干涉你的意愿,你想工作到什么时候都可以。”小C听了非常感动,也庆幸自己有个如此细心周到的男朋友。

　　男主人公的敏感使得他能够很快探索到问题的根源，轻而易举地"哄好"自己的女朋友。试想，如果他没有看到女朋友生气的根源，一场冲突怕是不可避免。

　　人们往往会说电视剧里的桥段太过狗血，但实际上很多影视剧情景都是源于生活，尤其是家庭伦理剧。现实中夫妻关系、伴侣矛盾是值得重视的问题，导致婚姻关系破裂、情侣分手的原因除了原则性的大问题外，就是生活中的点滴摩擦，最主要的还是后者，往往集结到一定程度就会使得关系迅速恶化。但其实这类问题，只要找到源头，就能够轻松解决。

　　比如情侣或者夫妻间经常会存在这样的问题，一方总是追问另一方你爱不爱我，你是不是不爱我了，你怎么这么不在乎我，而另一方开始可能还会认真回答，但是过一段时间就会不耐烦：天天问有意思吗？都说了爱你了还问烦不烦？这时候一方就会非常委屈和生气，而另一方却不明所以，不知道自己有什么问题，矛盾就这样产生，最后若有一方低头，两人又会和好如初，但同样的情形之后仍会上演，随着类似的矛盾越来越多，总有一方的耐心最先消耗完，两人的感情也在反复往来中不复从前，更激烈的冲突爆发是意料之中的事情，总有一次无法完美收场。

　　这种问题的根源其实是一方缺乏安全感，也许是家庭原因，也许是经历原因，对自己另一半的关心尤其在意，而另一半却太过粗心。他需要的其实不是争吵过后浪漫的烛光晚餐或心仪已久的礼物，而是平常生活中一个简单的拥抱、一句语气温和的关心。

事实上，夫妻、情侣间发生矛盾是再正常不过的事情，但若是同一个类型的矛盾发生多次就很不正常了，就像上面所说的情况，解决一次之后又发生了一次，那就表明根本没有找到问题的根源。其中的一方可以在这件事情上多留意，找到突破口，而对于具备敏感特质的人来说，调动自己的敏感性会使得事情更容易解决。

小江每次和男朋友出去玩，总会憋着一肚子火。为什么呢？

原来小江的男朋友每次出去玩的时候，就会说自己哪里哪里都安排好了，结果却老是出岔子。比如，他说知道路线，知道坐哪趟公交，但每次都会走弯路，下错站；比如，他说住的地方都订好了，然而要么得在外面等一个多小时，要么房间订错了。虽然大体上没有什么差错，但这些小插曲让小江非常不愉快。

小江本身就是个心思细腻且善解人意的女孩，平常很少跟男朋友闹矛盾，但这件事却是个例外，尽管男朋友哄一下认个错就过去了，但每次"重来"的时候仍旧让人心烦意乱，不仅耽误时间，又影响两人的感情，小江决心找到矛盾根源彻底解决。

有一次，男朋友从网上买了个东西，有些毛病，跟商家沟通想要退货，结果最后商家不回复了。小江很是生气，明明是商品有问题，商家怎么这么不负责任，她气愤地拿过手机看了聊天记录后才发现，问题出在男朋友身上——沟通有问题，小江只发了个瑕疵视频，说了几句话，商家就同意退货了。小江突然意识到，每次旅行中的插曲或许是由于男朋友的沟通方式有问题而造成的。

后来有一次男朋友订房间、问地址时，小江故意坐在旁边听他怎么说，果不其然，男朋友经常问不到重点，老是含糊其词就挂掉，总想着自己"探索琢磨"，于是每次都出错。可是男朋友的这个"特点"一时半会也改不掉，小江就每次在旁边适时补充，后来去旅行也就没再发生过类似的事情。

故事中的小江本身就带有"敏感"属性，从她能够在并不明显的事件中发现异样，并能联系到另一件事情就可以看得出来。而这也使得她能够尽快找到导致矛盾的根源问题，较为彻底地解决矛盾。

探寻矛盾根源，其实并不需要敏感者刻意去做些什么，只需要在这件事情上有足够的关注，敏感自然就能发挥它的作用。其实就是下意识的感觉，这种下意识的感觉来自细腻的感官知觉、对某件事情的格外关注以及强烈的直觉反应。正是由于对这类事情的敏感，他才会调动全身上下各个器官对与之相关的事件都自然而然地产生强烈的感觉，由此准确发觉矛盾的源头。

需要注意的一点是，在处理情侣、夫妻问题时，可以有根据地联想，但不能胡猜乱想，可以凭借直觉，但也要有迹可循。

3. 找准对方喜欢的相处方式

十几岁的时候，我曾经跟母亲发生过一次激烈的争吵。那个时期的自己和父母的关系处于非常别扭的状态，于是一气之下，摔门而出，打算跟这个家一刀两断。刚从家里出来时，心里满是怒火，情绪"高昂"，觉得自己太委屈了，甚至想过一死了之，想过跳河，也想过上吊，甚至还想偷偷割腕。带着怒气继续往前走，结果走得越远，越想起父母的好，脑子开始清醒，这事我也有错，我若死了他们怎么办？于是转了一圈又灰溜溜地回家了，回去后母亲仍旧板着脸，还出言讽刺，但桌子上的饭菜却都是我爱吃的。

那时候我也曾目睹过母亲与父亲的吵架，吵的时候相当激烈，等火气渐消，要么看见母亲从外面带了瓶好酒回来，要么看见父亲不动声色把家务活做好。

其实他们都在用一种特殊的方式表达自己，和谐相处，而这个方式也正是对方所受用的。

一般情况下，每个人的性格、经历、爱好不同，在与人交往时，展现出来的状态和方式也会不同，当然能够接受和喜欢的相处模式也是不同的。

比如，有的人喜欢安安静静地说话，有的人则喜欢活跃的气氛，有的人不喜欢直白的表达，有的人有什么就得说什么。

每个人都有自己喜欢的相处方式，找到这样的方式，亲密关系才能更长久，因为你摸准了对方想要什么，发生矛盾时才能更好地解决，而所有感情的延续说白了就是矛盾的合理解决，因为但凡矛盾解决不好，结局就是"一拍两散"或"心存芥蒂，不复从前"。就像开头例子中的父亲与母亲一样，他们各自"掌握"着属于那个时期与对方的和解方式，所以他们即使吵架感情也不会受到太大影响，往往能够相伴一生。

当然，选择什么样的方式，跟人的性格特征以及事件的前因后果都有着重大关系，所以要找准对方喜欢的相处方式，就要对这个人有充分的了解，而这种了解并不能只浮于表面，还要用心去感受，当你真正了解了她或他之后，就会发现即使事件不同，需要的和解方式不同，但只要抓住了某一个点，就能够准确命中。

在小说或者电视剧中常常有这样的故事情节：妻子和丈夫吵了架，丈夫买了一束花去道歉，结果妻子更生气了；女朋友做错了事情，惹得男朋友不高兴了，于是召集好友办了个聚会算作道歉，结果男友并不买账，矛盾再次升级了……

丈夫买花道歉，妻子却生气，那是因为妻子觉得太过浪费，曾经的她可能很喜欢花，专注浪漫，但生活的压力却使得她越来越看重实际，如果丈夫能够读懂妻子的想法，就应该选择既浪漫又不浪费的方式去道歉。

女朋友号召朋友给男朋友办惊喜派对以示歉意，男朋友却不领情，那是因为男朋友本就不太喜欢热闹，况且更不想因为两个人的事情弄得朋友们都掺和进来，而好热闹的女朋友却并没有看清男友心中所想，也许他需要的只是一个诚恳的认错和面对面的交心。

从这不难看出，不管是妻子还是男朋友，另一半都有他们的调性和隐含的特点，而这些并不会因为熟悉而变得显而易见，这不仅仅是表面的习惯或者喜好，还包含着特定时期他们的内心状态和对于特定事件的看法，简单来说你要摸清另一半当下的"软肋"，他最受用的、最抵抗不了的方式。

小说、电视剧中如此，生活中也差不离。情侣、夫妻间产生矛盾是必然且正常的，但是如果找不到对方喜欢的和解方式，只会拉大彼此之间的距离，使得矛盾越来越"丰满"。尽管我们常说人心难测，但对自己的另一半还是有迹可循的，大多是隐藏在细节之中的或者不外露的，不仅需要敏锐的观察力，更需要强大的感知力。从她或他的动作、神态中去解读蕴含着的真实含意。

微博上有这样一个故事：咨询者是女孩，她说她和男朋友在一起五年，基本上没有闹过大矛盾，但肯定有过不少小摩擦。不过很多时候，男朋友都能以她最喜欢的方式跟她道歉。比如有一次，她想买一支口红很久了，却一直没舍得买，后来跟男朋友吵架了，结果第二天收到了男朋友的道歉礼物，就是那支口红。她从来没有跟男朋友说过这支口红的事情，类似这样的情况有好几次。

还有一回，他们俩闹了一场矛盾，两个人互不联系好几天，女孩心想，这次别想用一个礼物就让我"投降"。几天后，男友约她吃饭，她本来不想去，可是经不住男友的"哀求"。去了之后，看到男朋友的样子，她很是吃惊，男友像变了一个人似的，没有精神消瘦了好多，看到她来了，突然露出了一个灿烂的笑容，这时她其实已经原谅了男友。后来男友又说，他这几天回忆了他们以前很多事情，发现没有她，他根本不知道生活可以这么美好。他承认了错误，跟她诚恳地道歉，女孩这时已经哭得不成样子了。之前她还想，如果男友捧了一束花来道歉，她一定把花摔到他脸上。而现在，花和礼物都没有，她却感觉自己拥有了世间最珍贵的东西。

她随后问道，这两种情况发生了不止一两次，我男朋友难道有"读心术"，不然他怎么能猜得这么准呢？虽然很甜蜜感动，但也觉得好奇和疑惑，求解答。

后来，男孩对女孩的疑惑亲自做出了解释。他说，我当然没有特异功能了，只是因为我太在乎你了，所以对你的一切都很敏感，我在玩游戏的时候你在网上购物，我其实偷偷看你在买什么，并且很多时候你说了你想要什么，只不过后来你就忘了，而我都记得。其实我也不知道怎么说，我就是能够察觉到你的想法，能够从心底里体会你的感受，就好像我们是连体婴儿一样。我想，应该就是因为我太敏感了，所以会关注并把那些对你重要的事情、细节记在心里，从而知道你想要什么、喜欢什么吧。我真的没有特异功能，要是有，那就是我的敏感、直觉。

在实际生活中，情侣或者夫妻间，往往会出现这样的情况：我就是不把话说明白，而你又必须猜中我想要的。这似乎是亲密关系中的考验，尤其是在闹矛盾时，女生常常会如此。

想要在一次矛盾中找到对方喜欢的和解方式，不仅要深入矛盾中找到对方生气的原因，还要进行心理换位，以对方的身份和情绪去思考自己应该使用的道歉方式，当然还要结合对方的喜好，注意在日常生活中多观察。而这些即使不去说明，也可以看出来是敏感者的优势所在。因此对于具备敏感特质的人来说，运用自己的敏感性找到恰当的解决问题的方式和与对方相处的方式，更能促进夫妻关系、情侣关系和谐。

4. 准确找到最适合自己的伴侣

不知从何时起，有这样一句话开始流行："不以结婚为目的谈恋爱都是耍流氓。"这一度也被称作"正确的恋爱观"。

实际上大多数人谈恋爱都是冲着结婚去的，谁都不想浪费时间和精力去进行一场漫无目的的长跑，但是感情说牢固可以坚不可摧，说脆弱也可以不堪一击，变故太多，有时候让人猝不及防，修不成正果的恋爱不在少数，也许在地球的某一个角落每分钟都有一对恋人分手。

分手给人们的感觉是忧伤是悲情，然而对于一段两个人本就不合适、不可能修成正果的恋爱来说，分手却是一件值得庆幸的事情，而且是越早越好。因为不适合的两个人在一起是互相折磨，浪费彼此的时间。

导致恋爱修不成正果的原因一般可以分为两大类：第一种是两个人的问题，三观、处事方式等都不一致，两个人本身不合适；第二种是家庭原因，双方父母、亲人因为地域、家庭背景或是单纯的不喜欢而不同意。当然也有两种原因并存的情况。

对于这样的恋情尤其是第一种原因，尽早割舍是明智的选择，但实际上，现实恋爱中的男女总是越陷越深，到了迫不得已的地步才选择分开。

刚开始一段感情时，人们往往把关注点放在两人的共同爱好和优点上，在荷尔蒙的作用下，总是会忽略两人之间的不合适，经过一段时间后，当最初的激情归于平淡，两人才开始着眼于对方的缺点、两个人的分歧、不合适的地方，而这时候，他们已经对这段感情有了依赖和不舍，或者一方已经深陷其中，而另一方因为恳求或愧疚而继续这段感情，最后导致的结果就是在经历了更多痛苦后不得不分开。

所以说，修不成正果的恋爱，果断放弃才是最明智的选择。那么如何才能尽早觉察出来两个人的不合适而从中抽离出来呢？

朋友小艾前几天在参加聚会时，认识了一个男生，两个人都是彼此朋友的朋友，说认识其实就是跟一堆人在一块玩，打了个招呼，两个人并没有单独交流过。小艾对那个男生挺有好感的，他的外形正好是自己喜欢的那一类，而敏感的她也察觉到对方对自己也是有意思的。果不其然，几天后那个男生的好友申请就发到了小艾的手机上，小艾欣喜若狂，同意了申请。之后两个人通过微信聊天，可能由于不熟悉，两人话都不太多，小艾觉得他还挺稳重靠谱的，直到有一天，男生约了小艾出来玩。

处于暧昧阶段的男女见了面之后反而不像网上那么拘谨，吃了顿饭后，两人的距离更近了一步，男生的话开始多了起来，小艾也发现两个人挺聊得来的。后来聊到"网红"这个话题，小艾说了自己的观点，但对方不知道是没听懂还是没听见，完全跟小艾不在一个频道，男生没有发现小艾只在一旁尴尬地点头不说话，还是自顾自地说自己在用某个软件，经常看里面的视频云云，而那个软件恰好是小艾最不喜欢的。小艾突然意识到两个人根本不是一路人，而之前所谓的聊到一起也是比较表象化的东西，但凡涉及深层次，两个人的交流就不会在同一水平线上。

回去之后，小艾礼貌地拒绝了男生再次见面的请求，跟他说了声抱歉，就果断删除了好友。

其实，用哪个软件是每个人的自由，你不可能让别人按照你的意愿来，况且一个软件似乎也反映不出来什么问题。那么小艾是凭借什么感觉到对方和自己不合适的呢？

要是一般的听歌、订外卖、看电影、网购的软件确实没有什么问题，但男生所说的那款软件却是饱受争议，且使用者有明显的人群划分，小艾也不是存在偏见或者抵触，她只是觉得自己跟喜欢使用这款软件的人群是具有不同特征的，如果要让她跟他们在一起聊天，聊表面的东西没问题，但涉及交心、精神层面的却聊不到一起，而她通过这一点又回顾男生的种种表现，发现两个人的确不合适。

这是心思细腻、感觉敏锐者的专属能力，对于一件小事，很多人并不会想这么多，想这么复杂。但敏感者就不同了，在一段恋情开始之前或者开始初期，他们是非常慎重的，会从各方面衡量两个人是否合适，是否能够走到最后，如果有自己觉得别扭或者不喜欢的地方，他们会果断放弃未成形的感情。

不过敏感者也存在一个致命的"弱点"，那就是在他认定一个人后就很容易陷入感情中，当然他选择的这个人一般是跟他合得来的，最起码在开始的时候是非常合拍的，但是到后来由于某些变故或者原因而发生了变化，这时敏感者即便已经感觉到了两个人可能走不到最后，也不会轻易放弃，因为他太看重两人的感情，已然把爱情当成了空气一般不可缺少。

如果两个相爱的人因为家人不赞同而不得不分开，具备敏感特质的一方就很难了断，即使分开也会沉浸于伤痛中很长时间，会对前任念念不忘，会不断地回忆曾经的甜蜜，甚至会为自己宣判死刑，觉得再也不会恋爱了，自己就该"孤独终老"。

如果恋爱中的双方是不平等的，所谓的不平等是一方的爱和付出比另一方多，而敏感者常常会扮演"卑微者"的角色，因为看到的、感受到的过于细腻，也会使他们更在意那些不好的言语、两个人有差距的地方，进而变得自卑。这种情况下，如果另一方犯错甚至于不爱自己了，卑微的一方也会一次次宽容和原谅……

这两点是敏感者应该注意的方面，当你在恋爱中已经察觉到了两个人不可能走到最后时，不要再自欺欺人，狠狠心帮自己解脱。

对于敏感者而言，当真正遇到那个人时，你会发现曾经自己身上被无数人吐槽过的缺点他都会包容，他会明白你的小心翼翼，会理解你的多愁善感，会小心呵护你的全部，不让你受到伤害。

对于所有的人而言，一段正确的美好的爱情带给你的应当是正能量，你会因为对方变得越来越好，越来越积极，同样地，对方也会因为你而充满能量，两个人在一起是互相扶持互相理解。

敏感者要善用自己的敏感性"预知"一段感情的未来，修不成正果的恋爱要果断放弃。

5. 在婚姻中过得更加幸福

有人说"婚姻是爱情的坟墓",也有人说"婚姻是爱情的归宿",有人对它羡慕期待,也有人迫不及待地远离,如同钱钟书先生在《围城》中的那句话:婚姻是一座围城,城外的人想进去,城里的人想出来。

婚姻是情感的一种外在形式、一种载体,敏感者往往具有更加细腻的情感,这也许会让他们的婚姻生活呈现出与一般人不同的样子。

前文我们说到的修成正果,有一大部分含义代表的就是结婚。但即使有的人在恋爱时找到了那个对的人,并且修成了正果,婚姻生活也有可能不会像想象的那般美满幸福。相比于谈恋爱,婚姻需要经历的时间、面临的问题会多得多,因此也充满了更多的未知和变数。

在恋爱时,不论男女,都需要经历甜蜜和争吵,需要磨合和成长,这之后要么分道扬镳,要么更加坚定。但对于婚姻来说恋爱中的这点修炼和成长是远远不够的,经历过婚姻生活的人都会发出这样的感叹：恋爱是在跟优点谈，婚姻却是在跟缺点过。而对于敏感者而言，他们往往是更早发现彼此缺点的那一个，这会给他们带来怎样的帮助呢？那就是他们往往较早地明白婚姻应该怎样去经营。

经营一段婚姻就是经营一段现实的生活。爱情是理想状态下的柏拉图，婚姻是现实中的柴米油盐酱醋茶。

尽管每个人的具体情况不同，但多数婚姻生活都需要经历相似的几个阶段，且每个阶段中，两人各自的状态和想法、彼此的关系、所面临的问题以及需要注意的地方都是有所不同的。如果能够感知婚姻的不同阶段，明确这些问题，婚姻生活将会更顺畅。

如何感知进入了哪一个阶段呢？首先要明确各个阶段的特点，然后根据这些特点去对照，但其实这些特点不是具象的而是不明确的，不是单纯地放在那里每个人都能看到的，更多的是需要去感受，敏锐地感受。对于敏感者来说，可以运用自己的敏感性去甄别所处的时期、婚姻表现出来的特点以及自己对此产生的感受进行判断，在敏锐的感知能力和直觉力下，他们的判断会比常人更加准确和及时。

第一阶段：浪漫甜蜜期。刚步入婚姻的男女是充满憧憬和希望的，这时候的他们并没有真正地接触到婚姻的真实面目，会沉浸在属于两个人的幸福中，规划着美好的未来。这一时期不会有太多矛盾，且相对短暂，值得一提的是这个时期想得越美好，之后形成的落差就会越大。这一时期是婚姻生活中少有的真正和谐期，应当充分利用好这一时期树立起共同的婚姻观念和生活习惯，不能过分沉溺于恋爱时期的甜蜜。

当一般人还沉浸在甜蜜的喜悦中时，敏感者往往就已经发现感情的隐忧了，他们会更加敏锐地体察到对方的心理变化，如果将这种特质转化为现实的方法，他们就能够比较顺畅地完成从甜蜜期到磨合期的过渡，不会因为过渡出现的落差而导致情绪和心理的恶化。

第二阶段：痛苦磨合期。当初婚的激情归于平淡，各类问题的苗头就会出现，失望和冲动是这一时期的主题。

磨合期也分为两个阶段，第一阶段是分歧期，双方开始着眼于对方的缺点和不足，由于各种小问题发生争论，在巨大的落差下两个人情绪都易冲动，对对方感到失望，都想要对方按照自己的想法来。如果太过冲动就会导致更大冲突的产生，所以控制情绪是较为重要的一点。另一方面还要常常进行心理换位，不要强求对方做出改变，而要学会互相尊重。

敏感者的同理心特质，让他们往往成为那个最能够换位思考的人，他们会更尊重对方，同时也最能够把握与对方沟通的尺度和时机。

在面对情绪激动的伴侣时，敏感者更容易体会到对方那种激动的情绪，并意识到不能与对方硬碰硬，进而选择一些柔和手段将伴侣的情绪化解。敏感者也往往能够察觉出伴侣此时是否能够沟通，如果能够沟通的话，又应该采取怎样的方式……

第二阶段是冲突期，分歧如果没有解决好，矛盾就会越来越大，转而成为冲突，这一时期夫妻关系尤为紧张，很容易走向破裂。这一阶段持续的时间较长，会常常吵架，即使表面平静，背后也是波涛暗涌，甚至于一方会有出轨的倾向。尤其对于表面平静的夫妻来说，更应该留意对方是否有异常，而敏感者往往能够更好地做到这一点。

夫妻双方应当保持对婚姻的信心，而不是专注于争吵，要有所克制，抵制外界的"诱惑"。即使感知到对方有不忠诚的倾向时，也不要以"一拍两散"为目的，而要选择合适的方式解决。

电影《失恋33天》中讲述了这样一个故事：女主角黄小仙负责的一对想要举办金婚的老年夫妻中的张阿姨住院了，黄小仙就把婚纱拿到医院给张阿姨看。"真好看！"张阿姨说道。"我连夜让他们按您的尺寸改的，陈老师把您的尺寸记得清清楚楚，这肯定会合适。"黄小仙说。"小仙，你结婚了吗？"张阿姨突然问道。黄小仙摇摇头，"有过要结婚的对象，前段时间分手了。""为什么？""他跟别人跑了。""嗯？"张阿姨有些不解，"那他在跟别人跑之前，你有没有发现不对头的地方？"黄小仙歪着头回想了一下男朋友跟闺蜜好之前的事情，随即摇摇头，"我没发现什么不对头的地方。""那不可能，"张阿姨立即否定了她的说法，"你也活得太马虎了吧。""张阿姨，不是我马虎，是根本防不胜防。"小仙委屈地说，"我们俩跟您和陈老师不一样。""有什么不一样，我跟你说说陈老师的秘密，他年轻的时候也背着我做过上不了台面的事情。"张阿姨的记忆一下子涌现了出来。

当年，怀孕的张阿姨在快生产时住进了医院，她的丈夫陈老师一直在旁伺候，可不久，张阿姨就发现了不对劲的地方。陈老师总是找理由往楼下跑，不是打水就是看看、打饭菜，还总是心不在焉的。张阿姨当时就有些怀疑，但也没证实，直到一个护士问她家里是不是还有别的病人在楼下，因为总看到陈老师去照顾一个阑尾病人，张阿姨当即明白问题就出在那个阑尾病人身上。后来，张阿姨就不动声色地跟着陈老师下去看他照顾的那个病人，她当时也非常生气激动，但还是强迫自己冷静了下来。后来张阿姨就打听了那病人的一些情况，悄悄来到她的病床，语重心长地说了一番内含深意的话，那姑娘听了知难而退，第二天就出院走了。后来，陈老师和张阿姨就风平浪静地过到了现在，婚姻没再出现过大问题。

第三阶段：整合努力期。当经过了残酷的磨合期后，夫妻双方有了共同的信念，默契度更高，进入了新的和谐期，开始为以后的生活努力奋斗。这一时期两人更专注于工作或者孩子，处于较为忙碌的状态。这个时期，最关键的一点是双方要善于表达，要能够沟通。对于敏感者而言，选择沟通的时机、在语言上表达爱意，或是偶尔制造些浪漫情调，都是不在话下的事情。

第四阶段：平淡如水期。再深刻的感情也有归于平淡的时候，爱情的火花悄然散去，开始向亲情转变，两人已经把对方当成习惯，但会觉得生活索然无味，波澜不惊。这一时期也是一个充满考验的时期，双方往往"相顾无言"，可能会因忍受不了无趣选择寻找"新的趣味"或者分开。

在这个阶段，敏感者往往更能够寻找到生活中的点滴乐趣，寻找到为平淡的生活增添一些小情调、小情趣的机会。如果能够很好地利用这些机会，平淡如水的生活，也会过得如鱼得水。

第五阶段：坚定信念期。这一时期家庭生活会遇到各种问题，甚至可能会遭遇巨大的变故，包括家庭和工作方面，如果两个人能够互相安慰，共同前进，就会更加坚定，从而拥有更加稳定的婚姻生活，感恩彼此。敏感者较之于一般人来说，更愿意体贴另一方和更愿意牺牲自我的特质，使得他们更能够坚定地站在遭遇重大变故的伴侣身边，而当自己遭遇变故的时候，也更能够体贴伴侣的不易，感恩伴侣。

婚姻的几个阶段中，每个阶段都有需要注意的方面，最关键的就是矛盾的解决和对对方的理解。敏感者可以利用自己的敏感性，感知自己的婚姻生活，针对每一阶段需要注意的方面，调节自身状态，同时引导对方，选择恰当的方式处理问题，更为顺利地度过婚姻生活的各个阶段，最终到达真正的幸福彼岸。

第七章

敏感天赋让你拥有更和谐的家庭

家庭是生命的起点和归宿，过好家庭生活，处理好与家庭成员之间的关系，是每个人都需要重视的课题。敏感者细致的观察、细腻的情感、同理心等特质，同样也能在家庭生活中发挥作用，使他们的生活更加和谐，与家人之间的关系更为亲密。

1. 敏感天赋让亲密关系更亲密

什么样的关系才算是亲密关系呢？

亲密关系一般是指个人与他人的亲密联系，个人归属感在一段关系中可以得到满足。亲密关系是存在于亲情、友情、爱情之中的，它是一种令人熟悉的，容易产生依赖感，包含身体以及情感上的联系。

亲密关系对人们至关重要，因为每个人都有脆弱的一面，有被关爱被呵护的需求，而亲密关系扮演的正是这样的角色，让人们能够在残酷的竞争、辛苦的生活之外有一处休养生息之地。

可能会有人疑惑，既然已经是亲密关系了，那么维系起来肯定很简单。然而，事实却是，每一段亲密的关系都需要小心翼翼地呵护，如果处理不当，反而会引起更大的波澜，因为越是亲密的关系，越容易变得脆弱。

妻子和丈夫是老乡又是大学同学，感情一直很要好，毕业后回到了老家结婚，各自在县城有一份稳定的工作，虽没有大富大贵，过得倒也平静祥和。有一天，大学班长联系到他们，说要办一次聚会。聚会当天，妻子拿出给丈夫买的新衣服让他换上，而丈夫却说，就穿平常的衣服就可以了，搞得那么正式干什么。妻子虽有点不高兴，也没有强求，到了现场，妻子发现别的男同学都西装革履、精神抖擞的，只有自己的丈夫衣着随便。吃饭期间，大家都在聊这些年的丰富经历，只有丈夫在闷头大吃，更令她大跌眼镜的是，聚会结束后，丈夫居然要求把剩的菜和饮料打包拿回去。虽然她也知道这是节约不浪费，但她总有种丢面子的感觉。她并不是虚荣的女人，这些年来感觉日子虽平淡但也不错，但丈夫这次的表现却给了她迎头一击，让她开始怀疑自己回到老家、这么早结婚这一系列决定是不是错的。接连几天，她都在想这件事，甚至开始想起丈夫的诸多缺点，看到他就觉得心烦，夫妻间的亲密关系不复从前。

故事中的两人似乎各有其理，都没有什么错的地方。而导致"变故"产生的原因可以概括为妻子对丈夫有所期待，而丈夫却并未满足。妻子的期望并不高，问题就在于她的想当然，她对丈夫有着绝对的信任，认为他肯定会满足自己的要求，而没有注意到丈夫本身是有所抗拒的，是不能够做到的。亲密关系，就意味着在这段关系中，两个人是绝对信任、相互依赖的，因此期望值也会很高，对彼此的要求也就变成了理所当然，一旦一方没有满足另一方的期待，另一方就会深受打击，而这之后就会陷入冷战或者矛盾中，如果不从根本上解决，关系就会迅速恶化。

所以维系亲密关系的大前提就是尽量避免矛盾的产生以及采取恰当的方式去解决矛盾，主要有几个关键之处，可以归纳为宽容接纳、双向沟通、坦诚相对、表露脆弱、"利益"相互。有了这几点，亲密关系才得以建立和延续。

家庭中的亲密关系无非就是父母与孩子、伴侣或者兄弟姐妹之间，实际上相比于家庭之外的亲密关系，家庭内部的亲密关系的建立反倒更困难。其一，因为各种关系的牵绊，顾虑相对更多；其二，容易存在代沟；其三，因为太过熟悉，所以更加肆无忌惮，对家人的感受不在意。这也是为什么大多数人发生了什么事情第一时间喜欢找最好的朋友倾诉。不过，如果你具备敏感特质，在家庭亲密关系的构建上就相对容易一些。

能够让跟你相处的人处于一种舒适放松的状态，这样他人才愿意跟你待在一起。当然，家庭成员之间彼此足够熟悉，在一起时往往也是最放松的样子，但也不总是如此。比如父母中的某一方是"唠叨型"的，总是追着孩子进行批评教育，和爱人斗嘴，往往一件小事就能说很久，唠唠叨叨没完，这种性格就很难形成亲密关系。主要原因就在于没有关注对方的感受，跟你在一起，大家都不自在，处于很紧张的状态，说不准哪个不小心就引得你唠叨个不停。

敏感者本身就自带一种亲切感，吸引他人靠近，这种"亲切感"来自哪里呢？首先敏感者能够察觉到对方当时的心情是怎样的，根据不同的心理状态采取不同的"迎合方式"，针对不同的辈分和性格说不一样的话，让对方跟自己在一起时是轻松的、没有顾虑的。比如和一些长辈在一起，态度略恭敬，让对方多说，自己点头赞同。跟同辈和晚辈在一块更倾向于分享式的沟通，即使有"教育"的成分，也会用对方喜欢的方式，如何判断对方是否喜欢呢，这就要用敏感天赋中的感知能力。敏感者能够用每个人喜欢的方式跟对方交流，使得家人愿意跟他聊天谈心，这有助于亲密关系的进一步发展。

敏感者对身边的人的关注是不经意间的，不用特别靠近，他就能将每个人的情绪都把握清楚，尤其是不好的情绪。哪个不开心了，哪个不高兴了，甚至于只要他知道一点相关的事情就能推测出原因是什么。当他在第一时间察觉谁的情绪不对后，并不会立刻去劝说，而是会挑选合适的时机，让被劝说者不会觉得不好意思、不舒服。

而这种关注也能很快察觉到"矛盾"的苗头，就像开头的案例，妻子有一点不高兴时，如果丈夫留意妻子的表情就能够发现；同样若妻子能够早早察觉到丈夫的抗拒，矛盾产生的可能性就会减小。但可惜的是两人都非常"粗心"，不曾关注对方的情绪。当然，冲突和矛盾是生命的基本事实和社会的普遍现象，有时候即使我们采取了诸多措施也是不可避免的。

所以，察觉只是第一步，安慰或者沟通是极其重要的。在安慰人方面，拥有敏感天赋的人也非常擅长，因为他可以大致察觉到原因，就能够对症下药，知道哪些话不该说，哪些话对方愿意听。他能够设身处地地体会他人的痛苦，总能把安慰的话说到人心坎里。还有一种情况，有的敏感者其实是非常容易受到感染的，看到别人哭、难受，他的情绪也会被调动出来，这是同理心太强大的结果，他太能体会到对方的感受了，仿佛就是发生在自己身上一样。

何老师也是以"高情商"著称的艺人之一，在很多节目中，都向我们展示了他的高情商和好人缘。何老师为什么能够受到那么多朋友的喜欢呢？从诸多节目片段中不难发现，何老师非常会照顾人，尤其在细节方面。演员孙红雷回忆自己第一次上《快乐大本营》时的情景，说那是他第一次上综艺节目，本身是有一些紧张的，在某个环节，他回头的时候刚好跟何老师的眼神对上，才知道何老师一直在关注他，生怕他有什么不舒服。正是因为何老师，他才知道自己也能上综艺。

除此之外，何老师还有一个特点，就是特别"爱哭"。与何老师关系密切的好朋友谢娜也曾提到过，自己刚进入这个行业的时候，黄磊老师跟她谈心，没想到把她说哭了，何炅在旁边安慰她，结果最后陪着她哭了起来。事实上，直到现在，何老师仍旧是这样，某个歌手一直没有红，何老师看到就会觉得很心疼，眼眶瞬间就湿润了；看到运动员因训练而布满伤痕的脚腕，何老师又差点哭出来；某个女星因想起了过世的亲人而难过时，何老师在劝解的时候自己的情绪也会受到感染。

我想，也许正是如此，才会有那么多人喜欢并愿意亲近他，不分年龄和性别。人们在经历不愉快、不舒服、伤心难过时，是非常无助和孤独的，觉得没有人能体会自己的感受，没有人能够理解自己，而这时如果有个人用极其关切的眼神、相似的情绪陪在自己身边，瞬间就会感到温暖、充满力量，而这个人在自己心目中的位置也会立刻变得不同。

我们无法准确判定何老师是否是典型的高敏感者，但他身上的确具备了某些敏感特质，这些特质使得他能够从各个方面关注他人，照顾他人的情绪，获得好人缘，建立诸多"亲密关系"。这个例子的不恰当之处在于，亲密关系的对方是朋友而非家人，但其实本质是相同的，即使是熟悉的家人，面对深入到细节的关心、安慰和照顾同样也会"怦然心动"，感到无比温暖。

除了安慰式的沟通，"谈心式"沟通、分歧调和等任何形式的沟通都需要换位思考。开头案例中，夫妻俩如果能够察觉到对方的不良情绪，立刻进行沟通去解决分歧，或许就不会引发更大矛盾的产生而影响亲密关系。

亲密关系本是互相尊重、互相认可、互相需要、互相包容对方的一段美好关系，而冲突却会让对方不断体会到不被尊重、不被认可、不被需要、不被包容的感觉，如果持续发生且不能够很好地解决，亲密关系就会破裂。

冲突的避免关键在于对小分歧的解决，问题即将产生时各种小苗头的关注，在于平常生活中对家人的关心和呵护；冲突的解决关键在于，暴涨情绪下的冷静沟通，在于换位思考和互相包容，而这都是敏感者擅长的，所以可以说敏感能够使亲密关系更加亲密，维护和延续与家人之间的美好时刻。

2. 敏感天赋助你成为更合格的父母

人的一生当中一共要接受三种教育，即家庭教育、学校教育和社会教育。

家庭教育贯穿了人们生命的大半个历程，不管年龄有多大，我们在父母长辈面前都是孩子，永远有不懂的道理，所以他们就会把自己所知道的正确的经验和道理说给我们听，让我们尽可能地少走弯路。

在家庭教育中，担任重要角色的还是父母，也就是说家庭教育最重要的是亲子教育。所谓亲子，是指父母与孩子之间的亲密关系，从血缘上讲，两者属于直系血亲，是一个家庭中最亲近的核心部分；从法律上来说，父母与子女之间存有权利和义务关系。由于遗传基因，孩子在生命的最初就受到父母的影响，形成了个人性格的基础内核。在后天的发展中，从婴幼儿时期开始，父母就影响着孩子的各个方面，包括人格、品质、能力等，而这些就可以概括为"亲子教育"。

　　尽管父母的教育是不分年龄阶段的，但是亲子教育最为关键的还是在孩子成年之前，尤其是孩童时期。亲子之间的互动，父母的表达、表现对孩子都有着潜移默化的作用，对孩子之后的行为模式、人格个性等养成都有着不可忽视的作用。很多年轻的父母也已经意识到了亲子教育的重要性，想要采用合适的方法去实行，但终究有些力不从心。

　　这是为什么呢？一方面，在巨大的生活压力之下，父母通常要进行高负荷的工作，对孩子的关注就会减少，对孩子的情绪、行为表现有所忽略，与孩子之间的互动就会减少；另一方面，孩子本身有自己的想法或者有所顾忌，不愿意向父母倾诉；再有，由于年龄阅历的不同，孩子与父母之间不可避免地存在代沟，有时候即使孩子主动敞开心扉，父母也可能无法理解或者会采取不合适的教育方式。

　　总的来说，父母对孩子的教育并非易事，亲子教育亦是一门高深的学问，想要做好这门学问需要家长付出诸多努力，而对于具备敏感特质的家长来说，不妨动用自己的敏感，更好地进行亲子教育。

　　在婴幼儿时期，孩子的语言表达能力还未完全成型，父母的敏感能够很好地识别孩子未说出口的需求，察觉到孩子的异常。

　　学龄前期是孩子习惯养成、性格塑造的黄金时期，在这一时期，问题出现的也较多，比如孩子厌食、被其他小朋友欺负、不跟父母倾诉，等等。针对这些问题，拥有敏感特质的父母解决起来相对会轻松一些。比如，他们能够不经意间发现孩子喜欢和排斥的东西，敏锐地感觉到孩子哪一方面出了问题，并能选择孩子更容易接受的方式去处理种种状况。

实际上随着年龄的逐渐增长，孩子会越来越沉浸在自己的世界，跟父母的沟通越来越少，或许是觉得父母不懂自己，或许是觉得没必要，但其实很多时候，他们对于自己的问题是不会解决或者说不能够用合适的方式解决的，那么这时候父母的"干预"是有必要的，而在孩子不说的情况下，父母又该如何去了解呢？

例如，用敏感天赋感知孩子的情绪和内心，采用合适的方法使孩子打开心扉。

有一天，小丽从学校回来得晚了很多，回来后就把自己关在了房间里。平常小丽放学也都是到自己房间待着，直到晚上吃饭才会出来。但是今天小丽妈妈就是觉得小丽有点不对劲，因为小丽没有主动跟自己打招呼。

于是，小丽妈妈找到小丽爸爸商量怎么办，结果小丽爸爸一脸疑惑地说："老婆你想太多了吧，阿丽一直这样啊。"

小丽爸爸的话并没有打消小丽妈妈的疑虑，她准备了一点水果，敲开了小丽的房间门。在妈妈的引导之下，小丽把事情原委说了出来，原来小丽在学校跟人起了冲突，被老师留在学校批评教育了一通，她怕被父母责备，所以不敢说，心里其实很不服气。

小丽妈妈听了之后，完全站在小丽的角度"痛斥"了对方一番，之后话锋一转，对小丽进行了开导和教育，最后小丽意识到了自己的错误，不服气的情绪已然消失，她高兴地拥抱了妈妈，说了句"谢谢妈妈，你真好"。

故事中的小丽妈妈由于对家人的行为举止非常敏感，所以从女儿"没有主动打招呼"这一小小的举动中"嗅到"了不同寻常的味道，并从女儿的角度帮助她排解不良情绪，引导其走向正确的方向，最终也赢得女儿的称赞和认可，母女关系更进一步。

试想，如果像小丽爸爸那样忽略了女儿的异常，虽然不会造成非常严重的后果，但肯定也会带来不好的影响，比如由于不服老师的批评从而不好好学习、跟闹矛盾的同学再起冲突、心情郁闷提不起精神，等等。

亲子教育中，最忌讳的就是父母的强迫和逼问，不管是习惯养成还是了解情况，都会使孩子产生逆反情绪，事与愿违。但父母也不能不闻不问，全由着孩子的性子来。语言对孩子产生的影响是巨大的，在沟通教育时父母要注意自己的措辞，尽量向孩子靠拢，用孩子喜欢的话进行。同时，亲子教育也需要和老师打好配合战。而敏锐的父母一般能够扮演好介于孩子与老师之间的角色，而这更有利于亲子教育。

当然，除了父母的敏感性，孩子的敏感性也同样有利于亲子教育，比如敏感的孩子更能理解父母的辛苦，更能察觉到父母对自己的期待和苦心，会更加在意父母教给自己的东西。不过敏感型孩子也更容易受到影响和打击，因此要选择合适的教育方式。

　　综上所述，我们应合理利用身上的敏感特质，将对孩子敏感这一特性转化为对孩子无微不至的关注，并由关注而发现亲子教育当中存在的问题，对问题进行解决、疏导，这样长久下去，我们才能够成长为合格的父母，才能够培养出拥有良好家教和健康心理的孩子。

3. 敏感天赋让你给家人更多的爱

有一句话说得好，我们总是把最好的一面留给陌生人，而把最坏的脾气都留给了家人。

不管是在职场、生意场还是普通的人际关系中，人们都希望尽量不要得罪别人，尤其是存在利益关系的一方，因而在面对矛盾和冲突时，一贯主张和平解决，在领导客户面前"忍气吞声"，在聚会应酬中始终笑脸相迎，即使对方有勉强自己的地方还是以委婉的方式表达。

然而，就是这样被称为"老好人""脾气好"的人回到了家里却是另一种模样。很多人似乎也意识到了这一点，不禁感慨，回到家的自己就像是一只刺猬，浑身是刺。在外人面前小心翼翼，处处设防，努力营造良好形象，在家人面前却张牙舞爪，肆无忌惮地消耗亲情的宽容。与家人产生矛盾时，从来不会想着谦让，不会退步，绝对不会让自己受一点委屈，永远咄咄逼人，家人仿佛是仇人一般，跟他们吵赢了很有成就感。有时候自己在外面受了委屈，也会攒着气回到家撒到亲人身上。

我们为什么会这样呢？为什么总是把最坏的一面留给家人，留给最亲近的人呢？

因为陌生人犯不着、朋友领导客户都不能得罪，所以在外面受了气只好回到家里撒，跟家人吵架闹矛盾再也不用忍气吞声，有所顾忌。但，凭什么呢？凭什么家人就得是你的受气包，凭什么家里成了你的发泄场？家人的熟悉感和深及血脉的爱不应该成为我们肆无忌惮的理由。

有关家庭成员的相处和家庭关系的维护，有太多的内容，其中最为关键的一点就是家庭冲突和矛盾的解决。试想，如果每个人回到家里都展现出自己最温和的一面，整个家庭的关系该有多和谐；如果每个人都能以商量讨论的方式应对矛盾冲突，争吵大骂之声将大大减少。

当然，家庭矛盾是不可避免的，即使是最亲近的人也无法逃脱这样的命运。那么在冲突中、在矛盾中，我们应该怎样做呢？

这就不得不提到敏感天赋中的情绪自觉，或者更直白更有效的说法——情绪控制。如果人们能够在冲突中有效控制自己的情绪，就能终止矛盾或者防止矛盾进一步扩大。

首先，在冲突产生时，要对自己的情绪进行识别和控制。大多数人在这种情况下，体内相应激素水平飙升，大脑往往是一片空白，根本想不到什么后果，情绪爆发只是下意识的动作，是一瞬间的事情。

在这一方面拥有敏感特质的人要做得更好一些，一般情况下敏感者在冲突产生、负面情绪逐渐堆积之时，还是会有意识去考虑自己的情绪爆发会造成什么样的后果，会对他人造成什么样的影响。我们知道敏感者在情感方面极易受到触动，情绪变化极快，可能上一秒在哭，下一秒又破涕为笑。也正是如此，他的负面情绪可能因为对方的态度和举动瞬间暴增，但也会在自我意识下迅速冷静下来。

容易受到影响而产生情绪上的变化与控制情绪并不矛盾，比如一个敏感者看到一对恩爱的情侣并肩走在路上，他可能会羡慕，也可能会因此陷入悲伤，但是他也可以迅速调整自己的情绪投入到工作中。

在控制好自己的情绪后，要识别对方的情绪，分析对方情绪大致处于哪个层级，而这可以依靠敏感天赋中的感知能力和强烈的直觉能力，把握对方的情绪级别和心理状态，从而把控冲突进行的整个过程，占据主动地位，引导冲突转向较为温和的方向。

事实上，只要冲突的一方控制好自己的情绪，另一方也不会咄咄逼人，毕竟这是家庭冲突，双方都是亲近的人，不会斤斤计较。

如果冲突的双方没有敏感者呢？其实家庭中如果有一个敏感者，即使他是旁观者，在对当事人情绪调节方面也能够起到一定的积极作用。

比如，在冲突产生之时对当事人进行疏导或者预见冲突的发生，事先找当事人沟通规劝。

晚上，小芳回到家里，突然闻到一股酒气，她马上明白是爸爸喝酒了，接着她又想起妈妈前一次跟爸爸吵架时说的话——不能再喝酒。小芳意识到，等妈妈回来了，势必有一场"恶战"，因为爸爸妈妈都是暴脾气，吵起来指不定会发生什么事情呢，小芳心里肯定是不希望这样的情况发生的。于是，她先去房间叫醒爸爸，爸爸的酒已经醒得差不多了，小芳问他是不是忘记了对妈妈的保证，随后表达了对爸爸的理解，语气诚恳地说服爸爸不要跟妈妈杠起来。爸爸开始也有点小情绪，喝个酒怎么了，经过小芳的劝说意识到的确错在自己，小芳说得很有道理。

等到妈妈快回来的时候，小芳先去门口等着，妈妈一到门前，小芳就拉住妈妈先将事情原委告诉了妈妈，同样也劝说妈妈不要太过生气，控制好情绪，心平气和地说。

妈妈进到房间闻到酒味的确很生气，但并没有发作，晚上吃饭的时候，才说起这件事情，虽也有争吵，但比起以往要好太多，两人都没有很激动，最后冲突事件完美落幕。令人意外的是，这一次爸爸真的改掉了喝酒的坏毛病，这也证明沟通商量比争吵有效得多。

在冲突中控制好情绪，才能更好地解决冲突，也不会伤害了家人之间的感情。其实很多时候人们在闹矛盾时，也不想激烈地打骂争吵，但总是不受控制，每次争吵完都后悔，发誓下一次一定要好好沟通，可真正到了下一次，处于气头上的人们又会忘记自己曾经说过的话，重复着毫无意义又伤感情的事情。

如果你是一个敏感者，可以试着在家庭矛盾中发挥敏感特质的积极作用，在冲突中控制自己的情绪，以敏锐的触角感受他人的情绪，预见事件的变化，用强大的共情力去说服他人，采取心平气和的方式解决矛盾和争端。

如果每个家庭都能够意识到这一点，家庭生活将会更加幸福和睦。

4. 敏感天赋助你处理好多级关系

家庭本身就具有产生矛盾、引起冲突的特性，每一个家庭的成员之间都不可避免会发生纠葛，这是家庭中的一个正常现象，但这种现象如果得不到合理处置，就会造成难以预料的后果。因此，处理好家庭成员之间的关系至关重要。

一个家庭中，产生矛盾的关系有哪些呢？夫妻之间、兄弟姐妹之间、父母与孩子之间、父辈与祖辈之间、祖辈与孙辈之间，这也表明在家庭成员较多或者几代人共同相处的家庭中，矛盾更容易产生，处理好这样多层级的家庭关系也更为困难。

当前背景下，父母由于工作、婚姻等问题，会将孩子交由爷爷奶奶照看，如此一来，爷爷奶奶就成了孩子家庭教育中的重要角色。除此之外，一个家庭中也常常会有祖孙三代居住在一起的情形。这种情况下，由于观念、阅历、思想的不同，个中复杂不言而喻，自然就会导致矛盾频发。最为常见的矛盾就是在孩子的教育问题上，父母与祖辈之间意见不统一，或者父母与爷爷奶奶之间存在潜在的冲突，孩子处于较为尴尬的状态，甚至有的时候，孩子的外公外婆也会参与进来。不同时代与家庭之间的隐性冲突如果处理不好，就会使孩子无所适从，陷入迷茫当中。

在这样的家庭中，夫妻、亲子、隔代两两之间的关系都不是独立的，都会受到第三方的影响，彼此之间又是交错联系的。

不得不说的是，由隔代关系引起的矛盾，在家庭矛盾中是很难处理的一部分，处理好隔代关系对孩子和整个家庭都有相当大的益处。

现实中隔代关系更为错综复杂，想要处理好实属不易。敏感者则可以利用自己的敏感特质去解决隔代关系引发的问题，使之简单化。例如，在隔代关系中最为常见又较为棘手的问题——观念不同引起的矛盾。

大学时的几位女同学毕业后就结婚了，其中小王和小杨早早生了孩子。聚会时，班里的其他女生都羡慕她俩提前开启了人生的新阶段，然而小王却大吐苦水，她说原本以为结了婚就只剩下幸福和甜蜜，没想到事实完全相反。

小王的老公是家中独子，各方面条件都很不错，结婚后小两口本来是跟父母分开住的，直到小王怀孕，公婆担心小王的老公照顾不好，就搬过来一起住了。这本是好心，小王心里也想好好配合公婆，但她和公婆并不熟悉，更没有在一起生活过。

刚开始，倒也相安无事，婆婆负责做饭收拾家务，小王偶尔也打个下手。到了孕后期，婆婆的要求逐渐多了起来，小王不仅不能洗头洗澡，还得经常吃自己不喜欢的东西，她也知道婆婆是为自己好，但是这完全是老一辈的方式，小王有点接受不了。

孩子出生之后，婆婆害怕他们没经验继续留了下来。然而，还是因为观念不同导致小王和婆婆之间的关系越来越紧张。

大家听了小王的叙述，瞬间对婚姻充满了恐惧。而一旁跟小王一样结婚生子的女同学小杨却没有向大家哭诉，反而一身轻松。大家都很纳闷，想当年小王可是出了名的擅长交际，婆媳关系还这样糟糕，而在大家印象中内向还有点玻璃心的小杨却能处理好？

小杨说："这就是沟通方式的问题，你要琢磨她的心思，用她喜欢的方式，投其所好。还有一点，你要先肯定和接受长辈做的事情，让他们获得满足感再提意见，注意换位思考。之前我生完孩子快一年了，我婆婆还是不放心一直没走，我老公说了几次后，我婆婆就觉得我们是嫌弃她了，更加坚定了不走的决心。我当时也很上火，一方面是不希望长辈那么累，另一方面的确不自在、不方便。有一天，我发现婆婆在看我公公的照片，突然意识到婆婆早就想走了，就是心里不放心，谁愿意这么累死累活的。于是我就和老公偷偷给公公打了电话，让他来接婆婆。然后，我在带孩子方面表现得很熟练，尽量不出差错。我还跟她保证，会按照她教的带孩子。我婆婆看了很放心，当天就跟公公旅游去了。所以说，迁就忍让或者激动发脾气都是缺乏有效沟通的表现。长辈们也不是顽固不化，只要掌握好方法，我们就能很好地处理三代关系。"

故事中的小杨可谓是心思细腻、考虑周全，通过婆婆的举动知道了她心中所想，又用婆婆受用的方式，打消了她的顾虑，所以可以在不产生矛盾的情况下，让婆婆自愿放手。不得不说，相较于忍受和抗拒，这是较为高明的一种方式。同样在处理与孩子外公外婆的关系上，也需要如此。

除此之外，当敏感者是孩子时，利用自身的敏感性也能更好地平衡父辈与祖辈之间的关系，以及施加在自己身上的压力。比如敏感的孩子能够看清父母与爷爷奶奶之间的"局势"，会选择性说出在各自那里发生的事情，避免引起他们的矛盾，可以充当调和剂，调和双方的关系。另一方面，敏感型孩子在与长辈相处时，更能体谅和理解他们的辛苦，给予他们安慰。比如跟姥姥闹脾气不吃饭，但看到姥姥很无奈又伤心时，敏感型孩子会突然乖巧起来，主动吃饭不让长辈伤心。年龄更大一些的孩子会考虑得更周全，做得更好。不过需要注意的是，敏感型的孩子更容易受到干扰和影响，当父辈与祖辈施加在他们身上的教育观念不同时，孩子很容易陷入迷茫和混乱之中，不知道该听从哪一方。

可以说，在具有多层级成员的家庭中，敏感者的作用更为重要。他们一方面能够使自己与各个成员的相处平和顺畅，还能帮助其他家庭成员妥善处理好家庭关系，解决家庭内部成员之间存在的问题，使得同辈、上下辈、隔代之间都能够融洽相处。

所谓清官难断家务事，家庭内部的事情看似简单实则处理起来并不简单，而利用好敏感天赋，就可以让事情变得简单、可解决。

5.敏感天赋使家庭生活更美好

关于敏感特质的成因，后天影响中占据比例较大的就是家庭因素，比如有的敏感者小时候生活在缺乏温暖和爱的家庭环境中，他们要通过察言观色约束自己的行为，不去惹怒亲近的人来获得生活上的保障，来保护自己。

这种情况下，孩子的敏感是"被迫产生的"，但也正是敏感才能让他们较少地经历身体甚至心灵上的"苦痛折磨"，才能让他们在不安定的环境中以相对安定的状态生活下去。

当然，我们当中的大多数人还是有着比较正常的生活环境，无须从小就"看人脸色"生活，那么在这样的家庭中，是否需要敏感特质的人呢？

答案是肯定的——每个家庭都需要敏感的人。

当今这个时代，年轻人都忙于工作，忙于养家糊口，回家看望父母的时间越来越少，彼此之间似乎也有了一层淡淡的陌生感。老一辈的父母还有一个特点就是"不愿麻烦孩子"。演员黄磊在某综艺节目中谈及自己和妻子的父母时曾说道："每次说想去看望父母时，他们就会说来什么啊，忙你们的吧。其实他们心里是非常高兴、非常想念孩子们的，只是嘴上那么说为了不麻烦我们。中国式父母的特点，就是不给孩子添麻烦。"

黄磊的这番话，触动了太多人。父母的爱是内敛的是沉稳不外露的。电影《后来的我们》中，男主角见清的父亲就是这样一个把关心和思念全部埋在心里的人，见到日思夜想的儿子，开口的一句话却是，"那么忙，回来干什么？"而见清也的确体会不到父亲内心的真实想法，常常跟父亲争吵说一些伤人的话，好在见清的女朋友小晓心思细腻，能够理解见清父亲，在两人之间调和。

事实上，刨去"不愿表达"的因素，中国人在情感表达上更多的是不擅长，常常是"爱在心中口难开"，很多家庭内部的沟通交流也存在这样那样的问题，矛盾和误会的产生有时候并不是因为不好的事情，而是因为不善于表达而被误解。这时候，如果家庭中有一个相对敏感的家庭成员，他能够很好地理解双方的用意，即使不说话他也能够感受到，担当家庭内部的调和剂。

再有，家庭成员在外面遇到了自己无法处理的事情，又不愿同家人商量解决时，敏感特质也能起到很好的作用。

比如家庭中有一个敏感的妈妈，孩子在学校或者外面遇到了不开心的事情，回到家不主动告诉父母，也不明显表露自己的情绪，妈妈也能很快察觉到，然后再采取合理的方法帮助孩子调节情绪，更好地解决问题。同样地，孩子的爸爸、爷爷奶奶等家庭成员如果遇到什么问题，由于某些原因不主动找人倾诉，心里不舒服表面却装出没有事的样子，在常人看来没有什么异常，但敏感者却能凭自己的细微观察以及强烈的直觉感受到。当然这个敏感的角色不一定是妈妈，敏感不分年龄和性别。

再比如，父母吵架了，对话都是冷冰冰的，拥有敏感特质的孩子很快就能察觉到，还会旁敲侧击地了解他们吵架的原因，然后通过察言观色尽量不去再度惹怒父母，或者采取措施帮助父母和好。

家庭中有一个这样具备敏感特质的人，能够挖掘出许多潜在的隐患，具体到人身上，就是从情绪、动作、眼神变化中觉察事件的发生，进而以较为合理的解决方式，帮助家人渡过难关、调节情绪、合理发泄等，一方面有助于家庭成员之间的相处更加和谐，另一方面也对家庭成员本身有着非常积极的影响。

上述情形中较为敏感的地方是在对他人的情绪觉察上，这是敏感者的普遍特征之一，有的敏感者也有着某一个非常侧重的方面，比如对气味敏感、对声音敏感。

怎么算作对声音敏感呢？有的人在睡觉时，一点声音都不能有，非常轻微的响动也能使他们从睡梦中惊醒，彻夜难眠；还有的人在工作学习时对声音也极其排斥，即使是他人低声说话也会对其造成非常严重的影响，或者无法工作学习，或者不断出错毫无进展。对气味的敏感也是如此，轻微的奇怪的或者难闻的味道都能引起敏感者的局促不安，使他们无法安静地做自己的事情。

有一个三四岁的小朋友，有一天跟妈妈在家里加班。小朋友突然

说了一句："妈妈，有奇怪的味道。"妈妈正在整理开会的资料，随口应了一声也没放在心上。小朋友表现出紧张不安，过了一会儿又用更大的声音告诉妈妈："味道越来越大了。"妈妈深吸了一下鼻子，并没有闻到什么，于是告诉孩子："不要再打扰妈妈了啊，再这样妈妈工作就完成不了了。"孩子听了之后，跑过来拉着妈妈去厨房，这时妈妈听到了极轻的噬噬声，也闻到了那奇怪的味道。

故事中小朋友的敏感起到了很关键的作用，如果不是他对气味的敏感，等工作中的妈妈闻到时，或许一切都晚了。

其实不管是对他人情绪的敏感、第六感的敏感，还是对气味、对声音的敏感，在某些时刻，它们扮演的都是"安全警报"的角色。对细小的事物、细微的变化能够迅速察觉，并有着自己的分析和思考，对家庭成员之间的相处、个人的状态甚至于人身安全都起到了"保驾护航"的作用。同时，敏感者更细心，想得更周到，能够使家庭琐事处理得更完美，减少"事生事"的概率。

也许有的人会说，我的家庭中没有敏感的人不照样过得很好？的确，一个家庭不会因为没有敏感者而生存不下去，但是有了敏感者你才会发现原来家庭生活还可以变成另一种更美好的模样。

敏感者的细心、细致、同理心，让他们比一般人更能够感知到生活中的细微变化，并能够对这些变化做出及时的反应，他们往往更能够站在家庭成员的角度考虑问题，更愿意做出牺牲。他们就像家庭的黏合剂，拥有他们，家庭生活会更加和谐、圆满。

第八章

敏感天赋让你更高效地提升自我

敏感者的独特视角，让他所经历的事情比别人更加丰富。他能看到别人容易忽略的地方，感受到别人感受不到的微妙之处。这让他觉得生命充满挑战、人生处处精彩。

1. 活跃思维，进行深度思考

生活或者工作中，我们经常遇到这样的情况：

一件事情，你看了一遍就觉得没问题，可是真正动手的时候却一塌糊涂；

想搞明白一个问题，可是怎么思考也没有一点头绪；

去咨询相对专业的人员，可他们给出的建议大同小异，且没有实质性的帮助；

领导让你做一份简单的报告，你翻阅资料，废寝忘食，可是改了好几次都没能达到领导的要求；

与女朋友或者男朋友相处时，你总觉得摸不透她（他）的心思，虽然近在眼前却总是觉得很遥远；

读一本书，总是感觉读不进去，读完了也没有什么印象……

综合起来，就是对于某个问题或事件，我们总是满足不了别人想要的或者找不到自己想要的答案，所以我们才会遇到问题而无法顺利解决；与他人沟通不畅，社交受到影响；尽管努力学习，成绩还是平平淡淡毫无起色；想要达成目标，却磕磕绊绊地完成不了……生活中我们遇到了太多的不顺利，以至于活得筋疲力尽，不知所措。

这之中的关键是什么呢？其实就在于四个字——深度思考。

日本著名学者、教授平井孝志在其著作《麻省理工深度思考法》中写道：我们之所以无法彻底解决问题，是因为没有触及问题的本质。想要解决问题，就必须进行深度思考，透过现象去抓住问题本质。

深度思考，究竟是什么意思，该如何理解呢？想要进行深度思考，首先要对其有所了解。

思考是人类大脑的基本活动之一，可以说人无时无刻不在思考，而深度思考却没有如此简单和普遍。如果说思考是自我提问和自我解答的过程，那么深度就体现在对问题的解答程度上。能够把问题想透彻，深刻而全面地解答出来，就可以说对这个问题进行了深度思考。

但这并不能简单地表述为认真思考，因为深度跟认真与否并没有绝对的联系。

古代寓言故事《两小儿辩日》就是很好的例子，两个小孩思考得很认真也很有道理以至于孔子都不能决断，但并不能说这是深度思考。

同样地，深度思考也并不是只能用于高深的复杂的问题，简单的问题有时候更需要深度思考。举个例子，一个人想健身成彭于晏那样的身材，他去找健身教练给点意见，结果前三个听他说完，就告诉要怎样怎样，方案大同小异，只有最后一个没有直接回答他，第二天又找到他说我仔细研究了彭于晏的身材和你现在的身体状态，我的建议是……

从这两个例子可以总结出，所谓深度思考，就是无限接近事物本来的样子，看清现象后的本质，摸清事情关键的一种思考。

也就是说，即使你查遍典籍，思考良久，没有想到关键之处也不叫深度思考；相反地，你仅仅想了几秒，就透彻了事物表面之下的真相，就可以称作深度思考。深度思考，最关键是"方向感"，方向对了，一切迎刃而解，方向不对，只会越来越复杂，因为本质的东西往往是简单的。

而敏感其实可以看作帮助人们顺利进行深度思考的因素之一。

我们知道，敏感者拥有强大的细节感知能力，这种能力能够使其察觉到极为细小的变化，使他们对很多事情关注和在意，而同时敏锐的感官知觉又使得他们有着丰富而深刻的体验，这种体验是深入人心、让人难以忘怀的。所以生活中的诸多经历或者从各种渠道获得的诸多信息就会变成思考的素材深深留存于心底，当相关的事件发生时，他们就会从脑海里调出之前的记忆，加上即时思考，迅速找到事件的关键所在。

快要下班的时候，小青的上司突然走过来，说要让她写一份关

于新产品的报告，小青问有什么要求呢？领导说不是很重要，你看着来吧。

小青回到家里，想起上司的话，根本无从下笔，她很想把工作做好，但又不知道领导的具体要求是什么，唯一可以肯定的是，他说的"你看着来吧"绝对不是真心的，看来上司是有意"考验"自己。小青虽然入职不久，但对这个上司的脾气秉性摸得还算透彻，他总是事前表现得很随意，事后无比严肃和认真，好像在故意找麻烦，但其实他就是想看看你是否真的随意对待工作。

小青想到自己刚入职时做的一份文案，改了好多遍都不得上司的认可。小青想起来领导指出毛病最多的、她改动最多的就是数据分析，其他地方倒是很少，看来上司对数据这一块无比执拗。想到这，小青突然知道自己该怎么做才能契合领导的要求了。

像小青这样的情况，很多人都会遇到，不仅仅是领导，家人、恋人和朋友之间也会出现。对方交给你一件事情，却不把话说明白，全靠你去猜，怎么才能把他的"心思"猜准或者找到解决问题的关键呢？这就要动用你脑海中对这个人或者相关事件的各种记忆和印象，尤其是很典型又比较隐含的特征。这些关键点不认真留意感受，很难发现，而具有敏感特质的人本身的各类感官都带有"放大"功能，不仅能够下意识地关注细节，还能够对此产生深刻的感受，从中解读更多的隐含信息。这点在恋爱和婚姻生活中，同样适用，尤其是对女性心思的解读，或者一方是沉默型性格，产生矛盾时不把话说明白、故意反着来或者陷入沉默。想要真正地解决矛盾，就要一方进行深度思考，找到矛盾产生的源头。

在职场和生活中，我们会遇到各种各样需要思索的事情，比如产品销量下滑的主要原因、为什么客户满意度很低、为什么工作效率上不去、为什么父母总是吵架、孩子学习成绩上不去的原因等，想要深层次地思考这些问题，找到关键所在，有时候除了对记忆的调动、细节的把控之外，还需要换位思考、创造式思维，从多个角度或者新的角度入手。

除此之外，在学习、阅读、创作中，敏感特质也能够促使深度思考。

很多人在学习专业知识、阅读书籍时，往往只停留在表面，这样导致的结果就是，无论如何刻苦努力，学习成绩就是上不去，总是在同样的问题上栽跟头，读完一本书也不知道在讲什么，没有收获。学不到精髓，掌握不了理论背后的本质，就无法学以致用，成为自己的内在能力。最为典型的应该是在高等数学和物理问题上，有的人觉得非常简单，一个看似复杂的问题很快就能解答出来，往往还能够举一反三，而有的人就会觉得非常复杂，想半天也理不出一个头绪，同样的问题换个说法也解答不出来，区别就在于是否透过现象看到了本质。同样地，读一本书，并不在于你读得多么仔细，而是在于你是否了解了内容传达出来的意义，体会到作者的心境和感受，明确了这些，这本书就会在你脑海中留下深刻的印记，成为你身体的一部分，对你的思想、气质、谈吐都产生一定的影响。在创作时，无论是诗人、作家还是画家、音乐家，也都需要对表象的东西进行深度思考，如果他们看花就是花，看树就是树，看人就是人，就不会作出那么多脍炙人口、深入人心的篇章曲目。

这一层面的深度思考需要更多的是，在一定的事实基础之上添加想象和联想以及丰富的感受体验能力，通过表象想到更深层次的东西，包括情感层面、精神层面，从月亮的阴晴圆缺想到人间的悲欢离合，从水滴石穿联想到坚持和毅力，梅有了傲骨，竹有了节气，万物都有了灵魂，虚构的场景和人物也都鲜活而灵动，如真实存在的一般。正是在现实生活中以较为敏锐的感官洞察了身边的人、事和物，将其作为创作的素材或解开问题的钥匙；正是通过与作者的心灵对话，换位体验，才能够明白作品的内在含义。这样独特的艺术天赋和丰富的体验力与敏感特质有着极为密切的关系，而它们就是促使人们进行深度思考的重要元素。

一个人掌握的东西越多，面对问题就越容易看得透彻。敏感者在某些问题上总有强烈的直觉或者经过简单的分析就能够明了大概的脉络，有了正确的方向，深度思考也就得以进行。而不管是直觉还是理性的分析都要借助于经验，以及猜想或推断，经验源于对现实的观察和感悟，猜想推断源于想象和创新。

深度思考能够让复杂的事情简单化，让生活工作更加顺畅，而善用敏感则有助于深度思考的顺利进行。

2. 精准定位，强化自身学习能力

敏感者总是想得太多！这是很多人对于敏感者的表象认识，这种认识不能说没有道理，敏感者确实比较习惯向内思考，通俗来说就是和自己较劲。

这种思考有些是源自对他人评价的在意，例如一句普普通通的玩笑话，一般人可能一笑了之，敏感者却往往会走心地想一想；有些则源自对自我状况的敏感，在自身的状态上，敏感者往往比一般人会多思考一些，例如毕业找工作的时候，敏感者往往会思考自己身上的不足和劣势，进而产生自己能否匹配得上目标工作的权衡思考。通俗一点来说，就是当面对一个工作机会的时候，敏感者往往会双向思考，既思考自己喜不喜欢这个工作，又思考用人单位能否看得上自己，而一般人则往往较少考虑后一个问题，且敏感程度越低的人，思考后一个问题的概率越小。

如果单纯从毕业求职这个角度来看，我们可以说敏感者的身段更低，更能够看清现实。这种特质有不好的一面，即面对挑战时勇气略显不足，但其良好的一面却又让敏感者受益无穷，那就是他们能找准自己的定位，以及自己能够匹配的资源。他们在职场上的目标会更明确，能够很快寻找到自己努力的方向。

琳达女士曾经在一家跨国公司担任人力资源专员，在人力资源岗位上，她为这家公司招聘了数千名员工，琳达说过一句话："我认为这个世界上最大的悲剧就是，许多精力充沛的年轻人从未发现他们真正想做的是什么，也从未想过自己在职场上扮演的是一个怎样的角色，如果这些年轻人只是想从工作中获取薪水，而对于其他方面毫不在乎，那对于他们的人生和教育来说，无疑就非常可悲了。"

琳达在面试刚刚从大学走出的求职者时，遇到的都是这样的人——他们拿着自己学位证书来到她面前说："我获得了××大学的××学位，你们公司有没有什么职位适合我？"琳达认为这样的求职者根本就不知道自己想要的是什么，更不知道自己能够做什么，所以他们总是刚开始的时候雄心勃勃，充满了对未来的幻想，但现实马上就会给他们上一课。

我们面对的现实往往就如案例中所讲的一样，对自身和外界不太敏感的人，往往无法认清自己，无法准确地找到自己的职场定位。反倒是那些看起来有些谨慎、畏缩的敏感者，他们在对自我定位方面做得更精准。

如果我们将视角从职场扩大到整个人生，也会发现，敏感者所特有的天赋，会在人生的每一个阶段都给予他们认识自我、衡量自我的能力，而一个总是能够认识到自我不足之处并了解自己与目标之间差距的人，就必然在提升自我的问题上占据先机。

一项社会调查结果显示，那些能够从事自己感兴趣的事的人当中，有82%的人因为对事业的兴趣而能够充分展现自己的优势，从而取得成功；那些不能够给自己定位的人，有72%的人因为不知道自己真正需要什么，不了解自己的专长，所以一直干着自己不喜欢也不擅长的事情，导致自己在生活中经常闷闷不乐。

而找准自己的定位，并朝着自己选择的方向努力，这可以说是敏感者的先天优势。构成这种先天优势的要素有以下几点：

1.对自己身上的缺点和不足过于敏感；

2.因为敏感于自我的缺点和不足，进而产生负疚感，从而加倍努力；

3.敏感于自己突出的一面，进而向这一面确定目标；

4.在努力的时候能够准确衡量自己与目标之间的距离，在范围之外不轻易尝试。

其实，我们每个人都有自己的长处，很多人之所以没有办法展现自己的长处，是因为他们总是喜欢拿自己的长处去和别人的短处对比，然后发觉自己各方面都突出。敏感者则不一样，他们对自己的短处敏感，对自己的长处也敏感，所以往往能够挑选出自己最擅长的一个选项，发掘适合自己的最好选择，然后把这个选择做好。

　　总而言之，敏感的确会给人带来困扰，但同时也带来了很多区别于常人的能力，而敏感者就是要识别敏感带给本身的最突出优势，对自己进行精准定位，然后通过不断学习，有意识地加强这一优势，最终形成独一无二的天赋，享受其带来的成就感、幸福感。精准定位，并不断学习，发展这一方面的才能、特长，将优势发挥到更大、最大，这时你就会发现敏感并没有那么糟糕，反而独有魅力。

　　所以，从现在开始，重新认识自己，借助于书籍、朋友、家人甚至测试的方式，增加对敏感的了解，看到完整的自我，避其所短，发挥所长，强化自身的学习能力。

3. 提高标准，追求高品质生活

现实生活中存在着这样一群人，他们追求极致的完美，却又可能因为无法达到绝对的完美而陷入苦恼和矛盾之中，因为世界上本就没有十全十美的人、事、物。

这类人有一个名称——完美主义者。追求完美是好事，但是深陷其中不可自拔就会发展为心理疾病。

完美主义是一种追求高要求、高品质的性格，具有多重性格维度，既有积极的一面，也有消极的一面。积极的完美主义者会不断优化自我或者相关的事物，虽有苦恼但同时也会享受这一过程带来的乐趣，不会因此形成病态心理；消极的完美主义者，在目标达成之前会因担心失败而焦虑不安、辗转反侧，在目标未达成时又会陷入巨大的矛盾和痛苦之中，背负着极为沉重的精神包袱。

完美主义性格形成的因素不一而足，敏感亦是其中之一。敏感者由于太过在意他人的评价，在意自己在他人心目中的形象，在意自己是否会给别人带来不利影响，造成麻烦，就会要求自己顺应他人的想法，尽量把与自己相关的事情做得足够漂亮，进而成为完美主义者中的一员。

近年来，完美主义者的数量不断上升，其中不乏敏感型人群。完美主义者的特点是，希望自己和与自己相关的事物都尽善尽美，并尽可能地达到这一目标，对小瑕疵小误差十分在意，甚至达到难以容忍的地步，不允许有丝毫偏差。他们一般有着自己的标准，常常沉浸于缔造完美之中，相较而言，具备敏感特质的完美主义者更侧重于以外界的看法为标准，正是由于太在意他人的评价，所以就要把自己和事情都向他人所希望的样子靠拢，尽可能地在他人的要求之下达到完美的状态。所以敏感者从对他人评价的在意过渡到追求完美再到成为完美主义者的过程中，外力仍旧是第一推动因素，主要就是所处环境，包括社会、家庭和学校。

当前社会背景下，家长对孩子的教育问题越发重视，不惜大量投入金钱和精力，当然更多的是希望能够得到更大的回报，所以对孩子也就越发严格。在巨大的压力之下，孩子可能选择反抗，也可能是顺从，而敏感型孩子多为后者。

比如担任家庭教育中重要角色的父母或是其他长辈，过于苛刻，实行批评式教育，尽管在父母眼中是不过分的批评，在敏感的作用下，孩子会将其放大，进而产生较为深刻的负面感受；又或者父母长辈要求过高，期待较高，尽管不是以批评为主，但是无休止的要求也会使敏感者产生被批评的错觉，为了不再受到批评或者"讨父母长辈开心"，就会向追求完美发展；再有父母或其他重要的亲人是完美主义者，孩子可能会将其作为自己的榜样，以他的标准来要求自己。

类似的情形还会出现在学校中，敏感的学生对老师的批评以及老师对自己的看法尤为看重，尤其是成绩较好的学生，往往经不起批评，希望自己在老师和同学眼里是没有瑕疵的，对自己的缺点和不足会非常在意，对成绩亦是如此，希望自己名列前茅、是同学中的佼佼者，而当其习惯了这样的模式，但凡有起落就会难以忍受，所以就会以事事完美来要求自己。

在工作中同样如此，有的人进入社会之后，越发变得小心翼翼，尤其是工作压力巨大，竞争较为激烈的当下，职场上的人们不可避免地会产生紧张和焦虑感，而这样的感觉必须通过出色的工作进行缓解。把每项工作都很好地完成，得到上司和领导的认可，被工作伙伴肯定，是缓解这种压力的最好办法。对于自带紧张感和焦虑感的敏感者来说，更是如此，只有在大家的认可中，他们才能获得更多的平静和安宁，将自己调整在一个较为舒适的状态，为了达成这样的目标，他们就会更关注和在意他人的看法和要求，努力认真完成工作，不遗余力地追求符合他人标准的完美。

不管是家庭、学校还是职场，敏感者发展成为完美主义者无非都是外界评价持续影响的结果。因为敏感会对外界的称赞认可比常人更受用更青睐，也因为敏感，对外界的批评和指责比常人更难以承受，在两种极端感受的对比下，敏感者毫无疑问趋向于前者。如何才能不受批评受到更多称赞呢？那就是做完美的人，做完美的事，让别人找不到漏洞和瑕疵，完全达到他们的要求。

换句话说，敏感型完美主义者是将他人的标准主动变成对自己的要求，并不断提高这个要求的水平，变成更高的标准。而这需要较长的演变过程，或者一个非常强劲的推动力，也就是说，不是所有具备敏感特质的人都是完美主义者，有的敏感者只是停留在对他人情绪和评价在意上，并会根据此做出适当调整的阶段，但不会执着于完美。

小贾的妈妈是一名老师，可能是由于职业的关系，她从小就对小贾要求严格，寄予厚望。小贾不像其他男孩子那样"粗心大意"、爱玩爱闹，他心思细腻，喜欢安静，更理解妈妈的苦心，非常懂事孝顺。

他十分在意妈妈的感受，害怕让妈妈失望，于是学习十分刻苦努力，力争名列前茅。工作后的小贾依然如此，他习惯了从他人的称赞中获得更大动力，也习惯了从他人的表情中解读到最满意的回复，所以他常常会琢磨上司的心思，尽量把每件工作都做到完美，由此获得认可，一如当初妈妈那般。

不过，小贾并不是一个死板的完美追求者，他所追求的完美是基于妈妈或领导的要求，并非是一点瑕疵都不能接受，而这也使得他学习工作效率极高，不会死磕在一件事情上。

不管是基于他人要求的完美还是尚不执着的略微改变，这样的特点都使得敏感者考虑事情周全，谨慎可靠，态度认真不敷衍，这些是敏感造就的可贵之处。

　　我们不得不承认，敏感者不管是不是已经形成了完美主义人格，总会比常人更能看到自己的缺点和不足，更在意他人的批评，也会将这些批评听到心里，并认真地采取调整措施，以变成更好的自己，交出更令人满意的答卷。

　　敏感还会让人在"自省"上更加自觉。在与自己直接相关的事情上，只要嗅到一点不好的苗头就会开始反思自我，比如交给上司已完成的工作，上司没有及时回复，敏感者就会开始反思是不是哪一块做得不好，是不是笔迹太潦草，是不是太没有创意了，等等。由于对细节、细微变化的感受力太过强大，由于内心缺乏安全感，太害怕给别人带来麻烦，"吾日三省吾身"就成了敏感者的家常便饭。而这一点，对于完善自我有着不可忽视的作用。有反思的意识，才会有改正的想法，有想法才能付诸行动。

　　不过，不管是关注他人的看法，还是追求完美，又或者是反思自我，都要有一定的尺度，否则只会过犹不及，病态的完美主义者只会陷入无尽的胆怯和懊恼之中，太关注他人的看法就会失去自我，过度的反思无异于一味的自责，毫无意义又无法促使自己向好的方面改变。

　　善用敏感性，它就可以成为独特的能力，使我们在一定的限度内不断给自己提出高要求，不断进步，以达到更高的水平，追求高品质的生活、工作。如此一来，我们就可以不断挑战自我，突破极限，成为更有能力的人。

4. 深度挖掘，完美塑造自我形象

敏感，这个一直以来被人们误解的名词其实有很多的可贵之处。通过前文的论述，我们都应该对其有一番与之前截然不同的理解和认知——敏感是天赋异禀，是一种值得被祝福的能力，是美好和积极的性格特质。

如果用一句话来形容敏感，那就是将细微的事物、变化放大的一种能力。形象地说，拥有敏感特质的人是从放大镜或是显微镜的视角来看待这个世界的，因此他们眼中的世界具有更高的饱和度和辨识度。所以他们能够发现常人很难发现的事物，体会到更深层次的情感，感知到各种细微的变化，尽管这些事物、情感、变化都是双面的，可能积极也可能消极，但不可否认的是，敏感者的世界更加绚丽缤纷、多姿多彩。

敏感是一把双刃剑，既可以让敏感者体会到深切的痛苦，也能给予他们热烈的喜悦；既能使他们成为别人眼中敏感多疑的玻璃心，也能使他们在工作生活中谨慎周全、面面俱到。敏感者能够发现隐藏在角落里的肮脏，同样也能够放大生活中的美好。

著名作家村上春树说过一句话：太聪明的人是做不了作家的，因为太聪明的人总是一眼就看到了事情的本质，但对于事情的细节就不太敏感了。

事实就是如此，戴着放大镜看世界的敏感者，往往能够捕捉到更多的生活细节。在发现细节的同时，也会越来越意识到自己在某些方面的天赋，进而去发扬这种天赋。

20世纪最伟大的建筑家之一，现代主义建筑大师密斯·凡德罗就是一个很好的例子。密斯的父亲是一位雕塑工匠，这给了密斯较早接触雕塑的机会。在父亲的作坊里，密斯发现自己对于雕塑的一些细节非常敏感，这种敏感让他往往在雕塑鉴赏和创意上超过父亲——即便他的雕塑技巧还不是很成熟。

此后，密斯加入了大设计师彼得·贝伦斯的工作室，在贝伦斯的工作室里，密斯越发意识到自己的创意天分，他将创意与建筑设计完美结合，总能够做出超越时代的设计构想。

因为对于设计十分敏感，密斯总能够在自然环境中发现新的创意元素，并将它与建筑融合在一个共同的单元里面，密斯大多数的设计作品都体现了这一点。

而且，密斯还重新定义了墙壁、柱子、窗户、桥墩以及棚架等方面的设计理念，建立了一种当代大众化的建筑学标准，20世纪的建筑史上永远写下了属于密斯的一页。

"魔鬼藏在细节里"，而发现细节靠的就是人对于生活中点滴细节的敏感。换句话说，敏感者在发现细节上具有普通人无可比拟的天赋，这是上天帮助他们在获得成就的道路上抢先迈出的第一步。

对于敏感者而言，如果能够将注意力放在美好和创造美好之上，或许就会更多地享受到敏感积极正面的作用，会更多地觉察到敏感的可贵之处，同时使得自己的生活和心情更加美丽。

拥有敏感天赋的人，如果能够意识到这一点，那么他就会试着去提升自我，塑造更加完美的人生。无论是事业上还是社交上，敏感者的天赋都让他们在塑造自我的道路上，遥遥领先于那些想要改变却不知该如何做起的人。

对于工作的敏感，让他可以成为工作中的佼佼者，让他对于每项任务都能够敏锐地察觉到关键所在，也能够及时察觉潜在的问题，进而更出色地完成本职的工作；

对情感的敏感，让他可以成为朋友中的小暖炉和开心果，让他能够时刻体会身边人的情绪、心态，他总会在合适的时候给人温暖和依靠，他知道怎样安慰，也懂得如何分享；

对社交氛围的敏感，让他可以成为周围人眼中的交际达人、高情商者，让他看到社交中的很多细节，他聪明、反应快、细心周到，对很多事情得心应手，能够照顾到多数人的情绪。

敏感者的天赋，用于工作、学习、社交或是整个人生，都必然会带来不一样的生命体验。所以，敏感者不应该再为自己的敏感而苦恼，相反，要告别因为敏感而导致的犹豫，让自己变得坚定起来，坚定地做出正确的人生选择。

作为一个敏感者，如果你不知道人生之路将通往何方，那么不妨停下来问问自己的内心，你曾经对什么格外用心，你在哪一方面格外有天分，这些只有你才能回答的问题，将会给你的人生带来最好的答案。

就算全世界的人都要求你循规蹈矩，可如果你天性对自由、探险十分敏感，那么你一样可以天马行空地生活。做不到温柔如水，那就去做一把火焰，纵情燃烧自己，在天地间肆意奔跑，放声大笑。

就算所有人都把财富地位当作成功，如果你天性对文字、文学十分敏感，那么你一样可以视金钱如粪土，投身于自己喜欢的文学创作，追求诗意人生，或采菊东篱，或诗酒享乐，总会遇到几个同路中人，一起笑对苍生。

对于敏感者来说，敏感的天赋难得，除了有一双能够发现细节的眼睛，有一个对事物敏感的神经之外，你还要勇敢，要敢于做出选择，敢于坚持自我，做到这一点，你就能找到自己的专属人生。

敏感者，去发现自己的天赋，去做真实的自我，就算面前是满目疮痍，也终将变成繁花似锦，就算是遍地荆棘，也会变成斜阳与远方。这才是你最想要的生活，是这世界上独此一份的荣耀。